高等学校研究生教材

ZHANGLIANG FENXI

# 张量分析

（修订版）

田宗若　　编著



西北工業大學出版社

# 内容简介

本书内容包括：第一章张量及张量代数，介绍了仿射空间和仿射坐标系，研究了张量代数的性质；第二章张量分析，讨论了曲线坐标系的张量，研究了 Riemann 空间的张量微积分及 Riemann-Christoffel 曲率张量等；第三章曲面张量，讨论了曲面张量的微分和导数、测地线、半测地线及 S-族坐标系等；第四章张量的应用。

本书可作为理工科硕士、博士研究生相关基础数学课程的教材及广大科技工作者的参考书。

**图书在版编目（CIP）数据**

张量分析/田宗若编著．—2 版（修订本）．—西安：西北工业大学出版社，2016.3

ISBN 978-7-5612-4743-3

Ⅰ．①张…　Ⅱ．①田…　Ⅲ．①张量分析　Ⅳ．①O183.2

中国版本图书馆 CIP 数据核字（2016）第 038469 号

**出版发行**：西北工业大学出版社
**通信地址**：西安市友谊西路 127 号　邮编：710072
**电　　话**：029-88493844
**网　　址**：www.nwpup.com
**印 刷 者**：兴平市博闻印务有限公司
**开　　本**：727 mm×960 mm　1/16
**印　　张**：11.5
**字　　数**：165 千字
**版　　次**：2005 年 9 月第 1 版　2016 年 3 月第 2 版第 1 次印刷
**定　　价**：30.00 元

# 第 2 版前言

从出版社得知，本书第 1 版已售完。这说明此书除了我讲课使用外，还有不少读者对这门重要的基础数学很重视，我很高兴。在本书出版 10 年后，再重新审视它，觉得还有不足之处，决心对其进行修订完善。

随着 21 世纪复合材料被广泛应用，如复合材料在空客 A380 中的使用占 25%，在波音 B787 中的使用已占到 50%左右，这其中许多有关强度等问题的研究均属于数学、力学交叉前沿基础学科的研究。因此，张量分析是不可或缺的重要基础数学之一。因为张量分析在许多基础研究中，将逻辑过程可转变为积分方程及代数方程的运算。

田宗若

2015 年 11 月

# 第 1 版前言

本书是笔者在已使用 20 多年的讲义(《张量分析》上，下册，田宗若编著(1982))的基础上修订而成的，该讲义在 1982－2004 年期间印刷过三次。从 1982 年至今，笔者一直用上述讲义给西北工业大学硕士、博士研究生讲授本课程，并以此书给外校讲学，一贯受到普遍好评。

张量分析是用来研究固体力学、流体力学、几何学及电磁场理论等领域的一种有力的数学工具。特别是 Einstein 研究相对论时，发现张量分析在理论物理中占有显著位置。

当今，如果你对张量知识没有一定的通晓，也就不可能阅读许多有关的文献及著作。

应用张量分析，不改变物理、力学问题的本质，但将会使物理概念更明确，方程由复杂变得更清晰，且在任何坐标系下具有不变性，并有可能对诸多领域的问题开展进一步探讨、研究。

自 20 世纪 80 年代以来，笔者一直从事复合材料强度的数学、力学方法的研究，在这些复杂的研究中提出并发展了自己的独特思路，并在张量分析的基础上再结合多种数学方法，同时在所提出的“Equivalent Space”概念基础上，对以上研究取得了独特的系列的成果。

本课程对于应用数学、固体力学、流体力学、应用物理及控制、机电等领域的硕士、博士研究生是必要的、不可或缺的重要基础数学课程。

**田宗若**

2005 年 9 月

# 目　　录

# 第一章　张量及张量代数

本章的目的，是介绍 $n$ 维仿射空间中的张量概念及其代数运算，特别是介绍仿射空间特例的欧氏（Euclid）空间中的张量及代数运算式。

我们这里是从一组独立的公理体系而导出仿射空间的概念，进而建立任意 $n$ 维仿射空间的代数结构。Euclid 空间是作为仿射空间的特例而被引入的。

下面所介绍的公理体系仅仅是为了说明在 $n$ 维仿射空间中，可类似于普通向量代数，运用点和向量的概念。

## 1.1　仿射空间

仿射空间是点和向量的集合，点和向量是基本概念，不必用逻辑法再定义，其性质已被列入公理而确定。

满足以下公理 $1^\circ$～$10^\circ$ 的点和向量所构成的集合，称为 $n$ 维仿射空间。

我们讨论一个点和向量的集合，它满足下列公理：

$1^\circ$　至少存在一个点。

$2^\circ$　在给定的一对有顺序的点 $A$ 和 $B$，对应一个且仅对应一个向量。

公理 $2^\circ$ 中的向量，通常记为 $\overrightarrow{AB}$，向量可记为 $\boldsymbol{x}$，$\boldsymbol{a}$ 等。

$3^\circ$　对任一点 $A$ 及任一向量 $\boldsymbol{x}$，存在唯一的一个点 $B$，使得

$$\overrightarrow{AB}=\boldsymbol{x}$$

4° 平行四边形公理：若$\overrightarrow{AB}=\overrightarrow{CD}$，则$\overrightarrow{AC}=\overrightarrow{BD}$。

在一定意义下，以上四个公理是完善的，它可以建立向量的加法、减法等。

下面，我们引用上述公理导出的几个定理。

**定理** 对任意两点 $A,B$，有

$$\overrightarrow{AA}=\overrightarrow{BB}$$

**定义** 向量$\overrightarrow{AA}$称为零向量，记为 $\mathbf{0}$。

对任一点 $M$，有唯一的方法作向量$\overrightarrow{MM}$（公理 3°），使$\overrightarrow{MM}=\mathbf{0}$。

**定理** 若$\overrightarrow{AB}=\overrightarrow{CD}$，则$\overrightarrow{BA}=\overrightarrow{DC}$。

**定义** 向量$\overrightarrow{BA}$称为向量$\overrightarrow{AB}$的逆向量。

向量$-\boldsymbol{x}$ 称为向量 $\boldsymbol{x}$ 的逆向量。

**定理** 任一向量 $\boldsymbol{x}$，存在唯一的逆向量$-\boldsymbol{x}$。

**定义** 在一定顺序下，若给定了向量 $\boldsymbol{x}$ 和 $\boldsymbol{y}$，任选一点 $A$，从 $A$ 点作向量$\overrightarrow{AB}=\boldsymbol{x}$，再从 $B$ 点作向量$\overrightarrow{BC}=\boldsymbol{y}$（公理 3°），则点 $A$ 和点 $C$ 决定一个向量$\overrightarrow{AC}$（公理 2°），$\overrightarrow{AC}$称为 $\boldsymbol{x}$ 与 $\boldsymbol{y}$ 的和，即

$$\boldsymbol{x}+\boldsymbol{y}=\overrightarrow{AC}$$

或

$$\overrightarrow{AB}+\overrightarrow{BC}=\overrightarrow{AC}$$

**定理** 向量 $\boldsymbol{x}+\boldsymbol{y}$ 不依赖于点 $A$ 的选择，而且向量加法是一个单值运算。

**定理** 向量加法满足交换律，即

$$\boldsymbol{x}+\boldsymbol{y}=\boldsymbol{y}+\boldsymbol{x}$$

**定理** 向量加法满足结合律，即

$$(\boldsymbol{x}+\boldsymbol{y})+\boldsymbol{z}=\boldsymbol{x}+(\boldsymbol{y}+\boldsymbol{z})$$

由加法运算可推出：

$$\boldsymbol{x}+\mathbf{0}=\boldsymbol{x},\ \boldsymbol{x}+(-\boldsymbol{x})=\mathbf{0}$$

实际上，设向量 $\boldsymbol{x}=\overrightarrow{AB}$，而向量 $\mathbf{0}=\overrightarrow{BB}$。

因为
$$\overrightarrow{AB}+\overrightarrow{BB}=\overrightarrow{AB}$$

所以 $\boldsymbol{x}+\boldsymbol{0}=\boldsymbol{x}$，又由于 $\boldsymbol{x}=\overrightarrow{AB}$，则

$$-\boldsymbol{x}=\overrightarrow{BA}$$

而$\overrightarrow{AB}+\overrightarrow{BA}=\overrightarrow{AA}$，因而

$$\boldsymbol{x}+(-\boldsymbol{x})=\boldsymbol{0}$$

**定义**　对于向量 $\boldsymbol{x}$ 和 $\boldsymbol{y}$，若存在 $\boldsymbol{z}$，使得

$$\boldsymbol{z}+\boldsymbol{y}=\boldsymbol{x}$$

则称 $\boldsymbol{z}$ 为 $\boldsymbol{x}-\boldsymbol{y}$。

**定理**　减法是恒可作的单值运算。

根据以上讨论，可知向量的加法和普通的向量代数一样，具有全部有关加法的性质。

但仅前面的四个公理，还不足以建立完备的系统。下面的公理，将建立向量和数量之间的乘法运算。

5°　与任一向量 $\boldsymbol{x}$ 和任一数 $\alpha$ 对应的一个定向量，称为 $\boldsymbol{x}$ 与 $\alpha$ 的乘积，记作 $\alpha\boldsymbol{x}$。

6°　$1\boldsymbol{x}=\boldsymbol{x}$

7°　$(\alpha+\beta)\boldsymbol{x}=\alpha\boldsymbol{x}+\beta\boldsymbol{x}$

8°　$\alpha(\boldsymbol{x}+\boldsymbol{y})=\alpha\boldsymbol{x}+\alpha\boldsymbol{y}$

9°　$\alpha(\beta\boldsymbol{x})=(\alpha\beta)\boldsymbol{x}$

公理 7°～9°中，$\alpha$，$\beta$ 均表示数。

也可得到：

$$0\boldsymbol{x}=\boldsymbol{0},\quad \alpha\boldsymbol{0}=\boldsymbol{0}(\alpha \text{ 为任意数})$$

在上述公理及推论的基础上，即可按通常的法则对向量进行加法和向量与数的乘法运算。

下面再引进维数公理。

**定义**　给定任意 $m$ 个向量，如存在 $m$ 个不全为零的数 $\alpha_1,\alpha_2,\cdots,\alpha_m$，使得

$$\alpha_1\boldsymbol{x}_1+\alpha_2\boldsymbol{x}_2+\cdots+\alpha_m\boldsymbol{x}_m=\boldsymbol{0}$$

成立，则称 $\boldsymbol{x}_1,\boldsymbol{x}_2,\cdots,\boldsymbol{x}_m$ 是线性相关的。

当以上各向量线性相关时,其中必有一向量可用其余向量的线性组合来表示;也可以说,若某个向量能用其余向量线性组合表示时,则这些向量必定是线性相关的。

因此,各向量线性独立时,其中没有一个向量可由其余向量表示,那么,全部向量均为独立。

$10^\circ$ **维数公理**:当存在 $n$ 个线性独立的向量时,任意 $n+1$ 个向量是线性相关的。

当 $n=0$ 时,只有一个点和一个向量 $\mathbf{0}$,所以通常总是设 $n>0$。

**定义** 满足公理 $1^\circ\sim10^\circ$的点和向量所构成的集合,称为 $n$ 维仿射空间。

## 1.2 仿射坐标系(斜角坐标系)

### 1. n 维仿射坐标系与空间的几何性质有关

根据维数公理,设 $n$ 维空间中,仿射坐标系由 $n$ 个线性无关的向量 $\boldsymbol{e}_1,\boldsymbol{e}_2,\cdots,\boldsymbol{e}_n$ 确定,仿射空间中任意向量 $\boldsymbol{x}$,由于 $\boldsymbol{x},\boldsymbol{e}_1,\boldsymbol{e}_2,\cdots,\boldsymbol{e}_n$ 线性相关,则

$$\alpha\boldsymbol{x}+\alpha_1\boldsymbol{e}_1+\cdots+\alpha_n\boldsymbol{e}_n=\mathbf{0}$$

若 $\alpha=0$,那么 $\alpha_1,\alpha_2,\cdots,\alpha_n$ 不全为零,$\boldsymbol{e}_1,\boldsymbol{e}_2,\cdots,\boldsymbol{e}_n$ 则线性相关,这与原来所设矛盾。

所以,只有 $\alpha\neq0$,则有

$$\boldsymbol{x}=\frac{\alpha_1}{\alpha}\boldsymbol{e}_1-\cdots-\frac{\alpha_n}{\alpha}\boldsymbol{e}_n$$

或
$$\boldsymbol{x}=x_1\boldsymbol{e}_1+\cdots+x_n\boldsymbol{e}_n$$

改写为
$$\boldsymbol{x}=x^1\boldsymbol{e}_1+x^2\boldsymbol{e}_2+\cdots+x^n\boldsymbol{e}_n \tag{1.1}$$

因此,$n$ 维仿射空间中任一向量,可用 $n$ 个独立向量 $\boldsymbol{e}_1,\boldsymbol{e}_2,\cdots,\boldsymbol{e}_n$ 的线性组合来表示。而任意一点 $o$ 和 $\boldsymbol{e}_1,\boldsymbol{e}_2,\cdots,\cdots\boldsymbol{e}_n$ 组成一个

仿射标架，由(1.1)式可知，任一向量 $\boldsymbol{x}$ 可在仿射标架中展开，系数 $x^i(x^1,x^2,\cdots,x^n)$ 称为 $n$ 维空间的向量 $\boldsymbol{x}$ 对于已知标架的仿射标架。

**注意**：仿射标架的选择可以有无限多种，而任意向量 $\boldsymbol{x}$ 表示成为按确定的仿射标架的线性组合，其系数即被唯一确定。

若此种表示不是唯一的，如有

$$\boldsymbol{x}=x^1\boldsymbol{e}_1+x^2\boldsymbol{e}_2+\cdots+x^n\boldsymbol{e}_n=\tilde{x}^1\boldsymbol{e}_2+\tilde{x}^2\boldsymbol{e}_2+\cdots+\tilde{x}^n\boldsymbol{e}_n$$

则

$$(x^1-\tilde{x}^1)\boldsymbol{e}_1+\cdots+(x^n-\tilde{x}^n)\boldsymbol{e}_n=\boldsymbol{0}$$

由 $\boldsymbol{e}_i$ 线性独立，可得

$$x^i-\tilde{x}^i=0\quad(i=1,2,\cdots,n)$$

反之，任意 $n$ 个数 $x^1,x^2,\cdots,x^n$ 均可按(1.1)式组成一个向量，所以，向量 $\boldsymbol{x}$ 和其坐标 $x^i$ 之间具有一一对应的关系。而零向量对应的仿射坐标全等于零。

运用向量坐标后，向量的代数运算，可以转化为其坐标之间的代数运算。

向量 $\boldsymbol{x}$ 和 $\boldsymbol{y}$ 的和可计算为

$$\boldsymbol{x}=x^1\boldsymbol{e}_1+x^2\boldsymbol{e}_2+\cdots+x^n\boldsymbol{e}_n$$

$$\boldsymbol{y}=y^1\boldsymbol{e}_1+y^2\boldsymbol{e}_2+\cdots+y^n\boldsymbol{e}_n$$

$$\boldsymbol{x}+\boldsymbol{y}=(x^1+y^1)\boldsymbol{e}_1+(x^2+y^2)\boldsymbol{e}_2+\cdots+(x^n+y^n)\boldsymbol{e}_n$$

即两个向量之和的坐标，等于这些向量的对应坐标相加。

向量和数之间的乘法运算，就是将向量的每个坐标乘上这个数，即

$$\alpha\boldsymbol{x}=\alpha x^1\boldsymbol{e}_1+\alpha x^2\boldsymbol{e}_2+\cdots+\alpha x^n\boldsymbol{e}_n$$

设有 $n$ 个问题：

$$\boldsymbol{x}_1 = x_1^1 \boldsymbol{e}_1 + \cdots + x_1^n \boldsymbol{e}_n$$

$$\boldsymbol{x}_2 = x_2^1 \boldsymbol{e}_1 + \cdots + x_2^n \boldsymbol{e}_n$$

$$\cdots\cdots$$

$$\boldsymbol{x}_m = x_m^1 \boldsymbol{e}_1 + \cdots + x_m^n \boldsymbol{e}_n$$

这些向量的线性组合为

$$\boldsymbol{x} = \alpha_1 \boldsymbol{x}_1 + \alpha_2 \boldsymbol{x}_2 + \cdots + \alpha_m \boldsymbol{x}_m$$

向量 $\boldsymbol{x}$ 的坐标为

$$x^i = \alpha_1 x_1^i + \alpha_2 x_2^i + \cdots + \alpha_m x_m^i \quad (i=1,2,\cdots,n) \tag{1.2}$$

向量 $\boldsymbol{x}$ 的坐标，即为下列矩阵

$$\begin{bmatrix} x_1^1 & x_1^2 & \cdots & x_1^n \\ x_2^1 & x_2^2 & \cdots & x_2^n \\ \vdots & \vdots & & \vdots \\ x_m^1 & x_m^2 & \cdots & x_m^n \end{bmatrix} \tag{1.3}$$

中各列诸元素的线性组合，即(1.2)式。

如果 $\boldsymbol{x}_1, \boldsymbol{x}_2, \cdots, \boldsymbol{x}_m$ 之间为线性相关，那么，一定可以找到一组不全为零的数 $\alpha_1, \alpha_2, \cdots, \alpha_m$，使得 $\boldsymbol{x}=\boldsymbol{0}$，也就是 $\boldsymbol{x}$ 的全部坐标 $x^i=0$，这时矩阵(1.3)式中各列元素之间的线性组合为零，也就是说，矩阵各行之间是线性相关的。

矩阵(1.3)式各行之间线性相关是向量 $\boldsymbol{x}_1, \boldsymbol{x}_2, \cdots, \boldsymbol{x}_m$ 线性相关的必要而充分的条件。

上面讨论了 $n$ 维仿射空间中向量和坐标的表示法。

**2. 三维Euclid 空间$E_3$ 中向量的表示法**

令在 $\mathbf{E}_3$ 中，仿射坐标系由三个非共面的向量 $\boldsymbol{e}_1,\boldsymbol{e}_2,\boldsymbol{e}_3$（不失一般性，今后均采用右手系）确定。

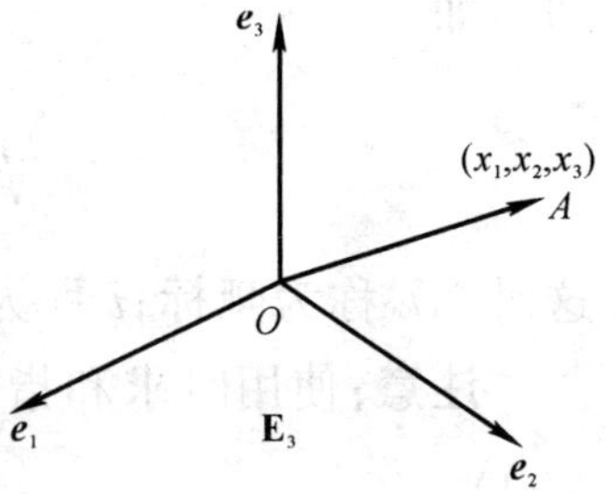


图　1-1

任意向量 $\boldsymbol{x}$ 可表示为这三个向量的线性组合，即

$$\boldsymbol{x}=x_1\boldsymbol{e}_1+x_2\boldsymbol{e}_2+x_3\boldsymbol{e}_3$$

向量$\overrightarrow{OA}=\boldsymbol{x}$ 对应着一组有序的数，$(x_1,x_2,x_3)$即为 $A$ 点的坐标（见图 1-1）。

**3. Einstein 规约(求和约定)**

今后，我们总是不加声明地使用 Einstein 求和约定，为了引用 Einstein 求和约定，将坐标 $x_i$ 的下标移为上标 $x^i$，即

$$\boldsymbol{x}=x^1\boldsymbol{e}_1+x^2\boldsymbol{e}_2+x^3\boldsymbol{e}_3=\sum_{i=1}^{3}x^i\boldsymbol{e}_i \xrightarrow{\text{Einstein 规约}} x^i\boldsymbol{e}_i$$

$$\boldsymbol{x}=x^i\boldsymbol{e}_i\quad(i=1,2,3)\tag{1.4}$$

**重复的求和指标为哑标。**

如果一个式子中包含有相同的上下指标，则表示这些指标跑遍 $1,2,3,\cdots,n$ 各值，再将这些同类式子相加得到的总和，即

$$a^1b_1+a^2b_2+\cdots+a^nb_n=\sum_{i=1}^{n}a^ib_i=a^ib_i$$

当上、下指标有好几对时,则表示对每对上、下指标作上述求和。如

$$\phi_{ikl}^{ik}=\sum_{i=1}^{n}\sum_{k=1}^{n}\phi_{ikl}^{ik}$$

这时 $i,k$ 称为哑标;$l$ 称为自由标。

**注意**:使用时求和指标的记号是无关紧要的,例如:

$\phi_{ikl}^{ik}$ 也可表示为 $\phi_{pql}^{pq}$,这时 $p,q$ 为一组哑标,用来代替 $i,k$;其结果不变,即

$$\phi_{ikl}^{ik}=\phi_{pql}^{pq}\quad\text{(自由指标不能更换)}$$

**4. 点的坐标表示法**

令 $M$ 为仿射空间内任一点,和该点唯一对应的有一向量 $\overrightarrow{OM}$,$O$ 是标架原点,$\overrightarrow{OM}$ 为已知点 $M$ 的向径,$\overrightarrow{OM}$ 对应于仿射标架的坐标为

$$x^i\quad(i=1,2,\cdots,n)$$

则

$$\overrightarrow{OM}=x^1\boldsymbol{e}_1+x^2\boldsymbol{e}_2+\cdots+x^n\boldsymbol{e}_n\tag{1.5}$$

称为点 $M$ 关于这个仿射标架的仿射坐标。

因此,若已知一个点,则按(1.5)式可唯一确定它的仿射坐标;相反,若已知一组坐标,则可按(1.5)式得到一向量,再从原点作这一向量,即可唯一决定一点 $M$。

因而,给出一个标架,即可建立坐标与向量、坐标与点之间一一对应的关系。

## 1.3 仿射标架的变换

从前面的讨论中,一定会产生这样的问题:对仿射标架的选择可以任意到怎样的程度?当从一个标架变换到另一标架时,会产生

怎样的问题？本节中，我们将研究标架变换的问题。

两个仿射坐标如图 1-2 所示。

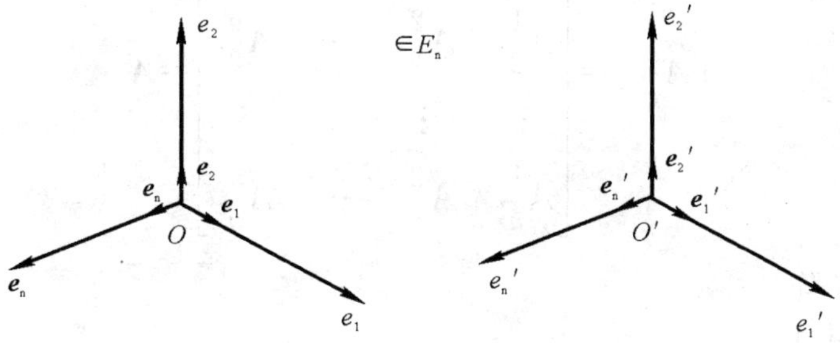


图　1-2

$$\left.\begin{array}{l}\boldsymbol{e}_1,\boldsymbol{e}_2,\cdots,\boldsymbol{e}_n\\ \boldsymbol{e}_{1'},\boldsymbol{e}_{2'},\cdots,\boldsymbol{e}_{n'}\end{array}\right\}\text{之间有什么关系？}$$

**1. 用旧坐标表示新坐标系**

$\boldsymbol{e}_i$，　$i=1,2,\cdots,n$，旧坐标系；

$\boldsymbol{e}_{i'}$，　$i'=1',2',\cdots,n'$，新坐标系；

则

$$\boldsymbol{e}_{i'}=A_{i'}^{i}\boldsymbol{e}_i \quad (i'=1',\cdots,n') \tag{1.6}$$

$$\begin{bmatrix}\boldsymbol{e}_{1'}\\ \boldsymbol{e}_{2'}\\ \vdots\\ \boldsymbol{e}_{n'}\end{bmatrix}=\begin{bmatrix}A_{1'}^{1} & A_{1'}^{2} & \cdots & A_{1'}^{n}\\ A_{2'}^{1} & A_{2'}^{2} & \cdots & A_{2'}^{n}\\ \vdots & \vdots & & \vdots\\ A_{n'}^{1} & A_{n'}^{2} & \cdots & A_{n'}^{n}\end{bmatrix}\begin{bmatrix}\boldsymbol{e}_1\\ \boldsymbol{e}_2\\ \vdots\\ \boldsymbol{e}_n\end{bmatrix}$$

$\boldsymbol{e}'$线性独立的充分必要条件是(1.6)式的系数矩阵

$$[A^{i}_{i'}]=\begin{bmatrix} A^{1}_{1'} & A^{2}_{1'} & \cdots & A^{n}_{1'} \\ A^{1}_{2'} & A^{2}_{2'} & \cdots & A^{n}_{2'} \\ \vdots & \vdots & & \vdots \\ A^{1}_{n'} & A^{2}_{n'} & \cdots & A^{n}_{n'} \end{bmatrix}=\boldsymbol{A} \tag{1.7}$$

是非奇异阵。

也就是

$$\det[A^{i}_{i'}]\neq 0 \tag{1.8}$$

**2. 用新坐标表示旧坐标系**

$$\boldsymbol{e}_{i}=A^{i'}_{i}\boldsymbol{e}_{i'} \quad (i=1,2,\cdots,n) \tag{1.9}$$

矩阵

$$\begin{bmatrix} A^{1'}_{1} & A^{2'}_{1} & \cdots & A^{n'}_{1} \\ A^{1'}_{2} & A^{2'}_{2} & \cdots & A^{n'}_{2} \\ \vdots & \vdots & & \vdots \\ A^{1'}_{n} & A^{2'}_{n} & \cdots & A^{n'}_{n} \end{bmatrix}=\boldsymbol{B} \tag{1.10}$$

和(1.7)式是互逆的,即

$$\boldsymbol{AB}=\boldsymbol{BA}=\boldsymbol{E}=\begin{bmatrix} 1 & & 0 \\ & \ddots & \\ 0 & & 1 \end{bmatrix}$$

即
$$A^{k}_{j'}A^{i'}_{k}=\delta^{i'}_{j'}, \quad A^{i}_{k'}A^{k'}_{j}=\delta^{i}_{j} \tag{1.11}$$

$$\left(\sum_{k=1}^{n}A^{k}_{j'}A^{i'}_{k}=\delta^{i'}_{j'}\right)$$

$$\delta^i_j=\begin{cases}1, & i=j\\0, & i\neq j\end{cases}$$　　为 Kronecker $\delta$ 符号

可见,(1.11)式即为二个坐标变换阵相应元素间的关系。下面我们再从另一个思路讨论仿射坐标基底间变换的关系：

$$e_j=A^{i'}_i e_{i'}$$

而
$$e_{i'}=A^i_{i'}e_i=A^j_{i'}e_j$$

将 $e_{i'}$ 代入到 $e_i$ 中,可得

$$\begin{aligned}e_i&=A^{i'}_i A^j_{i'}e_j\\&=\sum_{i=1}^n\sum_{j=1}^n A^{i'}_i A^j_{i'}e_j\\&=\sum_{j=1}^n\Big(\sum_{i'=1}^n A^{i'}_i A^j_{i'}\Big)e_j\\&=\Big(\sum_{i'=1}^n A^{i'}_i A^j_{i'}\Big)e_1+\cdots+\Big(\sum_{i'=1}^n A^{i'}_i A^j_{i'}\Big)e_j+\\&\quad\cdots+\Big(\sum_{i'=1}^n A^{i'}_i A^j_{i'}\Big)e_n\end{aligned}$$

两端相等时比较系数：

而
$$e_i=\delta^j_i e_j,\quad \delta^j_i=1\quad(i=j)$$

所以
$$A^j_{i'}A^{i'}_i=\delta^j_i$$

或
$$A^{i'}_i A^j_{i'}=\delta^j_i \tag{1.12}$$

与(1.11)式具有同样的结果。

### 3. 向量的坐标变换

前面我们讨论了标架向量的变换公式(基底的变换关系),下面推求任一向量的坐标变换公式。

向量 $\boldsymbol{x}$ 在两个坐标系中的坐标为：

$x^1,x^2,\cdots,x^n$，旧坐标系中的坐标；

$x^{1'},x^{2'},\cdots,x^{n'}$，新坐标系中的坐标。

$$\boldsymbol{x}=\boldsymbol{x}^i\boldsymbol{e}_i$$

$$\boldsymbol{x}=\boldsymbol{x}^{i'}\boldsymbol{e}_{i'}=x^{i'}A^i_{i'}\boldsymbol{e}_i=A^i_{i'}x^{i'}\boldsymbol{e}_i$$

所以 $$x^i\boldsymbol{e}_i=A^i_{i'}x^i\boldsymbol{e}_i$$

即
$$\left.\begin{aligned}x^i&=A^i_{i'}x^{i'}\\x^{i'}&=A^{i'}_{i}x^i\end{aligned}\right\}\tag{1.13}$$

## 1.4　张量的概念

在这一节里，我们先讨论一般常用的张量（所谓绝对张量），然后从更广义的角度讨论张量（从权的概念出发而得到所谓相对张量或张量密度）。

### 1. 协变张量

(1)一阶协变张量

在任一仿射坐标系里，给出一组数$(a_1,a_2,\cdots,a_n)$，经过坐标变换后，得到新的一组数：

$$(a_{1'},a_{2'},\cdots,a_{n'})$$

这两组数之间如果存在以下坐标变换关系：

$$a_{i'}=A^i_{i'}a_i\quad(i'=1',2',\cdots,n')\tag{1.14}$$

则称 $a_i$ 这一组数为一阶协变张量。

在三维空间中，平面方程为

$$ax+by+cz=1$$

在 $n$ 维空间中（自变量为 $x^1, x^2, \cdots, x^n$），超平面方程为

$$a_1 x^1 + a_2 x^2 + \cdots + a_n x^n = 1$$

在 $\boldsymbol{e}_i$ 坐标系中，有

$$a_1 x^1 + a_2 x^2 + \cdots + a_n x^n = 1$$

即
$$a_i x^i = 1 \tag{1.15}$$

在 $\boldsymbol{e}_{i'}$ 坐标系中，有

$$x^i = A^i_{i'} x^{i'}$$

$$a_i A^i_{i'} x^{i'} = 1$$

设 $a_{i'} = A^i_{i'} a_i$，则

$$a_{i'} x^{i'} = 1 \tag{1.16}$$

将 $a_{i'}$ 和 $\boldsymbol{e}_{i'}$ 进行比较，可以看出，所对应的线性方程组的系数阵均为 $\mathbf{A}$。因此，超平面方程(1.15)式的系数在原点固定的一个坐标系中，可视为一阶协变张量。

(2)二阶协变张量

设在一个坐标系中，给出 $n^2$ 个数 $a_{ij}$ $(i, j = 1, 2, \cdots, n)$ 在坐标变换下，假定这 $n^2$ 个数满足一定变换规律：

$$a_{i'j'} = A^i_{i'} A^j_{j'} a_{ij} \quad (i', j' = 1', 2', \cdots, n')$$

就称 $a_{ij}$ 这一组数为二阶协变张量。

**【例 1-1】** $n$ 维空间中二次超曲面方程：

$$a_{ij} x^i x^j + 2 a_i x^i + 1 = 0 \quad (\text{规定 } a_{ij} = a_{ji}) \tag{1.17}$$

在新坐标系 $(x^{1'}, x^{2'}, \cdots, x^{n'})$ 中的二次超曲面方程为

$$\left.\begin{aligned} x^i &= A^i_{i'} x^{i'} \\ x^j &= A^j_{j'} x^{j'} \end{aligned}\right\}$$

代入(1.17)式中，得

$$a_{ij} A^i_{i'} x^{i'} A^j_{j'} x^{j'} + 2a_i A^i_{i'} x^{i'} + 1 = 0$$

令 $a_{i'j'} = A^i_{i'} A^j_{j'} a_{ij}$，所以

$$a_{i'j'} x^{i'} x^{j'} + 2a_{i'} x^{i'} + 1 = 0$$

$a_{ij}(i,j=1,\cdots,n)$为 $n^2$ 个数。

当 $a_{i'j'} = A^i_{i'} A^j_{j'} a_{ij}$ 成立时，那么二次超曲面方程(1.17)式的系数在原点固定的坐标系中，为二阶协变张量。

(3) $k$ 阶协变张量

$$a_{i_1 i_2 \cdots i_k} \quad (i_1 i_2 \cdots i_i \cdots i_k = 1,2,\cdots,n)$$

这 $n^k$ 个数，在坐标变换下满足以下规律：

$$A_{i_{1'} i_{2'} \cdots i_{k'}} = A^{i_1}_{i_{1'}} A^{i_2}_{i_{2'}} \cdots A^{i_k}_{i_{k'}} a_{i_1 i_2 \cdots i_k} \tag{1.18}$$

就称 $n^k$ 这一组数为 $k$ 阶协变张量。

(4)对称张量

$$\left.\begin{aligned} a_{i'j'} &= A^i_{i'} A^j_{j'} a_{ij} \\ a_{ij} &= a_{ji} \end{aligned}\right\} \tag{1.19}$$

满足条件(1.19)式的张量即为对称张量。而且若在一个坐标系中满足(1.19)式，在另一坐标系中也同样会满足。

$n$ 阶矩阵(常数组成的)即为二阶协变张量的一例。

$n$ 阶矩阵可作出一个二次曲面，即

$$\begin{bmatrix} a_{11} & a_{12} & \cdots & a_{1n} \\ a_{21} & a_{22} & \cdots & a_{2n} \\ \vdots & \vdots & & \vdots \\ a_{n1} & a_{n2} & \cdots & a_{nn} \end{bmatrix}$$

$$a_{ij}(n \times n)$$

上述 $n$ 阶矩阵满足 $a_{ij}=a_{ji}$，此即为对称张量。

(5)协变张量的概念

下面通过对向量函数的讨论，说明协变张量的概念。

①一阶协变张量的概念：

设每一个向量 $\boldsymbol{x}$ 对应一个数 $\varphi$，即

$$\varphi=\varphi(\boldsymbol{x}) \tag{1.20}$$

对两个向量 $\boldsymbol{x}_1$，$\boldsymbol{x}_2$，有

$$\varphi(\boldsymbol{x}_1+\boldsymbol{x}_2)=\varphi(\boldsymbol{x}_1)+\varphi(\boldsymbol{x}_2) \tag{1.21}$$

这样的 $\varphi(\boldsymbol{x})$ 称为向量 $\boldsymbol{x}$ 的线性函数。

若 $\boldsymbol{x}=\boldsymbol{x}^i\boldsymbol{e}_i$，利用(1.20)式和(1.21)式得

$$\varphi(\boldsymbol{x})=x^i\varphi(\boldsymbol{e}_i) \tag{1.22}$$

在另一种坐标系中，$\boldsymbol{x}=x^{i'}\boldsymbol{e}_{i'}$，则

$$\varphi(\boldsymbol{x})=x^i\varphi(\boldsymbol{e}_{i'}) \tag{1.23}$$

将 $\varphi(\boldsymbol{e}_i)$ $\underline{\underline{\text{记作}}}$ $\varphi_i$，那么(1.22)式，(1.23)式可改写为

$$\varphi(\boldsymbol{e}_{i'})\ \underline{\underline{\text{记作}}}\ \varphi_{i'}$$

$$\varphi(\boldsymbol{x})=\varphi_i x^i=\varphi_{i'}x^{i'} \tag{1.24}$$

再讨论 $\varphi_{i'}$ 和 $\varphi_i$ 之间的关系：

根据(1.6)式，得

$$\varphi_{i'}=\varphi(\boldsymbol{e}_{i'})=\varphi(A^{i}_{i'}\boldsymbol{e}_{i})=A^{i}_{i'}\varphi(\boldsymbol{e}_{i})=A^{i}_{i'}\varphi_{i}$$

即
$$\varphi_{i'}=A^{i}_{i'}\varphi_{i} \tag{1.25}$$

和
$$\boldsymbol{e}_{i'}=A^{i}_{i'}\boldsymbol{e}_{i}$$

由(1.25)式和(1.6)式进行比较后可知：函数 $\varphi_i$ 的变化规律和标架向量 $\boldsymbol{e}_i$ 的变化规律一致。

②二阶协变张量的概念：

讨论向量 $\boldsymbol{x},\boldsymbol{y}$ 的双线性函数，即

$$\varphi=\varphi(\boldsymbol{x},\boldsymbol{y}) \tag{1.26}$$

在一个坐标系中：

$$\varphi=\varphi(x^{i}\boldsymbol{e}_{i},y^{j}\boldsymbol{e}_{j})=\varphi(\boldsymbol{e}_{i},\boldsymbol{e}_{j})x^{i}y^{j}$$

$\varphi(\boldsymbol{e}_i,\boldsymbol{e}_j)\xlongequal{\text{记作}}\varphi_{ij}$，则

$$\varphi=\varphi_{ij}x^{i}y^{j} \tag{1.27}$$

在新坐标系中：

$$\varphi_{i'j'}=\varphi(\boldsymbol{e}_{i'},\boldsymbol{e}_{j'})=A^{i}_{i'}A^{j}_{j'}\varphi(\boldsymbol{e}_{i},\boldsymbol{e}_{j})$$

所以
$$\varphi_{i'j'}=A^{i}_{i'}A^{j}_{j'}\varphi_{ij} \tag{1.28}$$

可以看出，双线性函数的系数 $\varphi_{ij}$ 的变化规律仍是对每个指标重复标架向量的变换规律，这即为二阶协变张量的概念。

**2. 逆变张量**

(1)一阶逆变张量

在任一坐标系中，给出 $n$ 个数$(a^1,a^2,\cdots,a^n)$，这 $n$ 个数经过坐标变换后，满足以下规律：

$$a^{i'}=A^{i'}_{i}a^{i} \tag{1.29}$$

就称这 $n$ 个数为一阶逆变张量。

假定任一向量 **x**，它的坐标 $x^i$ 可由(1.13)式知有以下的变化规律：

$$x^{i'}=A^{i'}_{i}x^{i}$$

所以，向量 **x** 的逆变分量 $x^i$ 为一阶逆变张量。

(2)二阶逆变张量

给出 $n^2$ 个数 $a^{ij}(i,j=1,2,\cdots,n)$，经过坐标变换后，满足以下变换规律：

$$a^{i'j'}=A^{i'}_{i}A^{j'}_{j}a^{ij} \tag{1.30}$$

就称这 $n^2$ 个数为二阶逆变张量。

(3)$l$ 阶逆变张量

假定有 $n^l$ 个数，$a^{i_1\cdots i_l}$满足以下坐标变换规律：

$$a^{i'_1i'_2\cdots i'_l}=A^{i'_1}_{i_1}A^{i'_2}_{i_2}\cdots A^{i'_l}_{i_l}a^{i_1\cdots i_l} \tag{1.31}$$

就称 $n^l$ 这一组数为 $l$ 阶逆变张量。

**3. 混合张量**

设在某一个坐标系中，假定给出 $n^2$ 个数 $a^{j}_{i}(i,j=1,2,\cdots,n)$，

这 $n^2$ 个数在坐标变换后满足：

$$a^{j'}_{i'}=A^{i}_{i'}A^{j'}_{j}a^{j}_{i} \tag{1.32}$$

其中：下标符合一阶协变张量规律，上标符合一阶逆变张量规律，组合后即为二阶混合张量，即

$$\left.\begin{aligned} a_{i'} &= A^{i}_{i'} a_{i} \\ a^{j'} &= A^{j'}_{j} a^{j} \end{aligned}\right\} \rightarrow a^{j'}_{i'} = A^{i}_{i'} A^{j'}_{j} a^{j}_{i}$$

一般混合张量的定义如下：

设在任意坐标系中，给了以 $k$ 个下标及 $l$ 个上标而得到的 $n^{k+l}$ 个数 $a^{j_1 j_2 \cdots j_l}_{i_1 i_2 \cdots i_k}$，并且在坐标变换下，满足下列变换规律：

$$a^{j'_1 j'_2 \cdots j'_l}_{i'_1 i'_2 \cdots i'_k} = A^{j'_1}_{j_1} A^{j'_2}_{j_2} \cdots A^{j'_l}_{j_l} A^{i_1}_{i_{1'}} A^{i_2}_{i_{2'}} \cdots A^{i_k}_{i_{k'}} a^{j_1 j_2 \cdots j_l}_{i_1 i_2 \cdots i_k} \tag{1.33}$$

则称所给的 $n^{k+l}$ 个数 $a^{j_1 j_2 \cdots j_l}_{i_1 i_2 \cdots i_k}$ 为 $k$ 阶协变 $l$ 阶逆变的 $k+l$ 阶混合张量。

指标 $k+l$ 称为张量的阶数，当 $k=l=0$ 时，则

$$a' = a$$

其中，$a'$ 为 $\boldsymbol{e}_{i'}$ 坐标系中的数；$a$ 为 $\boldsymbol{e}_{i}$ 坐标系中的数。

所以 $a$ 是常量，即常数为零阶张量，而向量是一阶张量。

**【例 1-2】** 设 $a^{j}_{i} = \begin{cases} 1, & i=j \\ 0, & i \neq j \end{cases} \quad (i,j=1,2,\cdots,n)$

证明：$\boldsymbol{E}$（单位阵）为混合张量。

**证明** 已知

$$[a^{j}_{i}] = \begin{bmatrix} 1 & & 0 \\ & \ddots & \\ 0 & & 1 \end{bmatrix}$$

在新坐标系中

$$a^{j'}_{i'} = \begin{cases} 1, & i'=j' \\ 0, & i' \neq j' \end{cases}$$

只需证 $a^{j'}_{\cdot i'}=A^{i}_{\cdot i'}A^{j'}_{\cdot j}a^{j}_{\cdot i}$ 即可。

$$
\begin{aligned}
A^{i}_{\cdot i'}A^{j'}_{\cdot j}a^{j}_{\cdot i} &= \sum_{i=1}^{n}\sum_{j=1}^{n}A^{i}_{\cdot i'}A^{j'}_{\cdot j}a^{j}_{\cdot i} \\
&= \sum_{i=1}^{n}A^{i}_{\cdot i'}\Big(\sum_{j=1}^{n}A^{j'}_{\cdot j}a^{j}_{\cdot i}\Big) \\
&= \sum_{i=1}^{n}A^{i}_{\cdot i'}A^{j'}_{\cdot i} = A^{i}_{\cdot i'}A^{j'}_{\cdot i} \\
&= \delta^{j'}_{\cdot i'} = a^{j'}_{\cdot i'}
\end{aligned} \tag{1.34}
$$

**【例 1-3】** 设有一变换 $u$,使向量空间 $X$ 内每个向量 $\boldsymbol{x}$ 对应于一定的向量 $\boldsymbol{y}$,即

$$\boldsymbol{y}=u\boldsymbol{x} \tag{1.35}$$

而且 $\boldsymbol{y}$ 是 $\boldsymbol{x}$ 的线性函数,即对于任意的 $\boldsymbol{x}_1,\boldsymbol{x}_2,\boldsymbol{x}$ 和数 $\alpha$ 满足条件:

$$u(\boldsymbol{x}_1+\boldsymbol{x}_2)=u\boldsymbol{x}_1+u\boldsymbol{x}_2 \tag{1.36}$$

$$u(\lambda\boldsymbol{x})=\lambda u\boldsymbol{x} \tag{1.37}$$

则称满足以上两个函数关系的 $u$ 为仿射量。

再讨论仿射量的坐标变换规律。

向量函数:变量和函数均为向量,即

$$\boldsymbol{y}=u(\boldsymbol{x})=u\boldsymbol{x}$$

$$\boldsymbol{x}=x^{i}\boldsymbol{e}_{i}$$

$$\boldsymbol{y}=y^{i}\boldsymbol{e}_{i}$$

所以

$$y^{i}\boldsymbol{e}_{i}=u(x^{i}\boldsymbol{e}_{i})=x^{i}u\boldsymbol{e}_{i}=x^{i}a^{j}_{\cdot i}\boldsymbol{e}_{\cdot i}=x^{i}a^{j}_{\cdot i}\boldsymbol{e}_{j}=x^{j}a^{i}_{\cdot j}\boldsymbol{e}_{i} \tag{1.38}$$

令 $u\boldsymbol{e}_{i}=a^{j}_{\cdot i}\boldsymbol{e}_{j}$,比较(1.38)式两端系数,得

$$y^{i}=x^{j}a^{i}_{\cdot j} \tag{1.39}$$

这是在 $e_i$ 坐标系中，系数 $a^i_{\cdot j}$ 称为仿射量 $u$ 的坐标。

而在新坐标系中，有

$$ue_{i'}=a^{j'}_{\cdot i'}e_{j'} \tag{1.40}$$

由 $e_{i'}=A^i_{\cdot i'}e_i$ 可得

$$e_i=A^{i'}_{\cdot i}e_{i'}$$

$$ue_{i'}=u(A^i_{\cdot i'}e_i)=A^i_{\cdot i'}u(e_i)=A^i_{\cdot i'}a^j_{\cdot i}e_j=A^i_{\cdot i'}a^j_{\cdot i}A^{j'}_{\cdot j}e_{j'} \tag{1.41}$$

由(1.40)式和(1.41)式可得

$$a^{j'}_{\cdot i'}=A^i_{\cdot i'}A^{j'}_{\cdot j}a^j_{\cdot i} \tag{1.42}$$

(1.42)式是仿射量 $u$ 的坐标变换规律。

由(1.42)式可知：仿射量的坐标集合 $a^j_{\cdot i}$ 显然为一阶协变和一阶逆变的混合二阶张量。反之，服从变化规律(1.42)式的一组数 $a^j_{\cdot i}$ 总可以看做是某一仿射量 $u$ 的坐标，为证明这一点，只要在任意起始坐标系中用(1.39)式来决定一个仿射量即可。这样，在任一坐标系中 $a^i_{\cdot j}$ 仍是仿射量的坐标，因为它们与仿射量按同一规律即(1.42)式而变化。

**4. 从更广义的角度定义张量的概念**

①张量的定义：满足以下关系式的量即为张量。有时也称为几何量。每个指标取具体值时，相对应的数叫分量。张量是指全部分量的有序整体。

一个几何量 $\varphi$，有

在旧坐标系中为

$$\varphi^{ij\cdots k}_{\quad\ \ lm\cdots n}$$

在新坐标系中为

$$\varphi^{i'j'\cdots k'}_{\qquad\ \ l'm'\cdots n'}$$

在新旧坐标系中，二者的关系为

$$\varphi^{i'j'\cdots k'}_{l'm'\cdots n'}=|A^{P}_{P'}|^{W}A^{i'}_{i}A^{j'}_{j}\cdots A^{k'}_{k}A^{l}_{l'}A^{m}_{m'}\cdots A^{n}_{n'}\varphi^{ij\cdots k}_{lm\cdots n} \tag{1.43}$$

式中，$\varphi$ 称为张量，$W$ 是张量的权，$A$ 为张量的阶数。即坐标变换中满足关系(1.43)式的 $\varphi^{ij\cdots k}_{lm\cdots n}$ 就称为权为 $W$ 的张量。上式是张量的分量表示法。

②$W=0$ 称为绝对张量，前面讨论的及本书后面所涉及的张量基本上全属这一范畴。

$W\neq 0$ 即为相对张量，或称为张量密度。

绝对张量($W=0$)
- 零阶张量：常数(标量)
- 一阶张量：$x^{i}$，$x_{i}$(向量)
- 二阶张量：$g_{ij}$，$g^{ij}$(度量张量)
- 三阶张量：$\varepsilon_{ijk}$，$\varepsilon^{ijk}=[e_i\quad e_j\quad e_k]$
- 四阶张量：弹性系数 $E_{ijkl}$

相对张量($W\neq 0$)
- $\sqrt{g}=[e_1\quad e_2\quad e_3]$ 为 $W=-1$ 的零阶张量密度
- $e_{ijk}$ (Ricci 符号)为 $W=-1$ 的三阶张量密度
- $e^{ijk}$ (Ricci 符号) $W=+1$ 的三阶张量密度

③张量的不变性记法(或叫抽象记法、绝对记法、并矢记法)

$$\begin{aligned}\boldsymbol{\varphi}&=\varphi^{i'\cdots j'}_{k'\cdots l'}\sqrt{g'}^{-W}e_{i'}\cdots e_{j'}e^{k'}\cdots e^{l'}\\&=\varphi^{i'\cdots j'}_{k'\cdots l'}(|A^{P}_{P'}|\sqrt{g})^{-W}A^{i}_{i'}e_{i}A^{j}_{j'}e_{j}A^{k'}_{k}e^{k}\cdots A^{l'}_{l}e^{l}\\&=(|A^{P'}_{P}|^{W}A^{i}_{i'}\cdots A^{j}_{j'}A^{k'}_{k}\cdots A^{e'}_{e}\varphi^{i'\cdots j'}_{k'\cdots l'})\sqrt{g}^{-W}e_{i}\cdots e_{j}e^{k}\cdots e^{l}\end{aligned}$$

$$=\varphi^{i\cdots j}{}_{k\cdots l}\sqrt{g}^{\,-W}\,e_{i}\cdots e_{j}e^{k}\cdots e^{l}=\cdots=\cdots$$

$$=\varphi_{i\cdots j}{}^{k\cdots l}\sqrt{g}^{\,-W}\,e^{i}\cdots e^{j}e_{k}\cdots e_{l}\tag{1.44}$$

张量 $\boldsymbol{\varphi}$ 在本坐标系的各种分量为 $\varphi^{i\cdots j}{}_{k\cdots l}$,$\varphi_{i\cdots jk\cdots l}$,$\varphi^{i\cdots jk\cdots l}$。也可以用(1.44)式来代替(1.43)式作为张量定义,也就是说,凡可以在任何坐标系里写成为(1.44)式不变式的量就是张量。今后将可按(1.43)式或(1.44)式来鉴别一组数是否为张量。

## 1.5 张量代数

下面列举几种张量的代数运算,其结果仍然是张量。

(1)加法

设给定两个相同结构的张量,其和仍为同型张量。

同型张量的条件是:①同权,②同阶,即上下指标一样。

$a_{i}^{j}\begin{Bmatrix}\text{一阶逆变}\\\text{一阶协变}\end{Bmatrix}$二阶张量

$b_{i}^{j}\begin{Bmatrix}\text{一阶逆变}\\\text{一阶协变}\end{Bmatrix}$二阶张量

设:$c_{i}^{j}\overset{\text{def}}{=\!=}a_{i}^{j}+b_{j}^{j}$,则 $c_{i}^{j}(i,j=1,2,\cdots,n)$ 与 $a_{i}^{j}$,$b_{i}^{j}$ 同型。

**证** $a_{i'}^{j'}=A_{i'}^{i}A_{j}^{j'}a_{i}^{j}$

$b_{i'}^{j'}=A_{i'}^{i}A_{j}^{j'}b_{i}^{j}$

$$c_{i'}^{j'}=a_{i'}^{j'}+b_{i'}^{j'}=A_{i'}^{i}A_{j}^{j'}(a_{i}^{j}+b_{i}^{j})=A_{i'}^{i}A_{j}^{j'}c_{i}^{j}\tag{1.45}$$

— 证毕 —

(1.45)式即证明了定义的 $c_{i}^{j}$ 也是二阶$\begin{Bmatrix}\text{一阶逆变}\\\text{一阶协变}\end{Bmatrix}$张量,和 $a_{i}^{j}$,$b_{i}^{j}$ 具有同样的阶数,当然也同权。

同样,当张量的权 $W \neq 0$ 时,有

$$\xi + \eta = \xi_{k \cdots l}^{i \cdots j} \sqrt{g}^{-W} e_{i} \cdots e_{j} e^{k} \cdots e^{l} + \eta_{k \cdots l}^{i \cdots j} \sqrt{g}^{-W} e_{i} \cdots e_{j} e^{k} \cdots e^{l}$$

$$= (\xi_{k \cdots l}^{i \cdots j} + \eta_{k \cdots l}^{i \cdots j}) \sqrt{g}^{-W} e_{i} \cdots e_{j} e^{k} \cdots e^{l}$$

$$\xlongequal{\text{def}} \xi_{k \cdots e}^{i \cdots j} \sqrt{g}^{-W} e_{i} \cdots e_{j} e^{k} \cdots e^{l} \tag{1.46}$$

(2)乘法

乘法与加法不同,任何二个张量(结构不同)均可进行张量乘法运算。也可将任意的张量连乘,而不必要求它们具有同样的结构,但必须指出:各相乘的张量的次序,因为相乘的结果不但和各张量本身有关,而且与其次序有关。

【例 1 - 4】 以张量 $a_{pq}^{i}$ 和 $b_{r}^{j}$ 相乘为例。

$$\left.\begin{array}{ll} a_{pq}^{i} & n^{3} \text{ 个数} \\ b_{r}^{j} & n^{2} \text{ 个数} \end{array}\right\} \quad (i,j,p,q,r = 1,2,\cdots,n)$$

$$c_{pqr}^{ij} \xlongequal{\text{def}} a_{pq}^{i} b_{r}^{j} \tag{1.47}$$

证明 $c_{pqr}^{ij}$ 为三阶协变,二阶逆变张量。

**证** 在新坐标系中,有

$$c_{p'q'r'}^{i'j'} = a_{p'q'}^{i'} b_{r'}^{j'}$$

$$= A_{p'}^{p} A_{q'}^{q} A_{i}^{i'} a_{pq}^{i} A_{j}^{i} A_{r'}^{r} b_{r}^{j}$$

$$= A_{i}^{i'} A_{j}^{j'} A_{p'}^{p} A_{q'}^{q} A_{r'}^{r} a_{pq}^{i} b_{r}^{j}$$

$$= A_{i}^{i'} A_{j}^{j'} A_{p'}^{p} A_{q'}^{q} A_{r'}^{r} c_{pqr}^{ij} \tag{1.48}$$

$c_{pqr}^{ij}$ 为三阶协变和二阶逆变的混合张量,这说明,张量的乘法运算结果为一新张量。

以上所述,也适合任意个张量连乘的情况。若以同样一些张

量，在另一次序下连乘，则得到另一结果。

若两个相乘的张量中有一个零阶张量，即是一个不变量 $a$ 时，则成为一个数乘以一个张量，即

$$c^{j}_{r}=ab^{j}_{r} \tag{1.49}$$

(3)张量的缩并

张量的加法和乘法运算，类同于数量的代数运算。但指标的缩并运算，则具有明显的张量特征。

设已知任一混合张量 $a^{ijk}_{pq}$ $(i,j,k,p,q=1,2,\cdots,n)$。

①取出其中一部分指标，如其中一个上指标和一个下指标一同取值 $1,2,\cdots,n$，而固定其它指标后相加，即

$$a^{ijk}_{pq} \quad (\text{取 } j=1,2,\cdots,n;\ p=1,2,\cdots,n)$$

$$a^{i1k}_{1q}+a^{i2k}_{2q}+a^{i3k}_{3q}+a^{ink}_{nq} \overset{\text{记作}}{=\!=\!=} a^{ik}_{q} \tag{1.50}$$

或写为

$$a^{ijk}_{pq} \ \overset{\text{缩并}}{=\!=\!=}\ a^{ik}_{q}$$

(五阶张量)(三阶张量)

②证明 $a^{ijk}_{pq}$ 经过一对指标缩并后，得到的是一个新的张量 $a^{ik}_{q}$。

**证**　假定 $a^{ijk}_{pq}$ 为五阶张量。根据张量定义可得

$$a^{i'j'k'}_{p'q'}=a^{p}_{q'}A^{q}_{q'}A^{i'}_{i}A^{j'}_{j}A^{k'}_{k}a^{ijk}_{pq}$$

令 $j'=p'$，有

$$a^{i'j'k'}_{p'q'}=A^{p}_{p'}A^{q}_{q'}A^{i'}_{i}A^{j'}_{j}A^{k'}_{k}a^{ijk}_{pq}$$

$$a^{i'p'k'}_{p'q'}=A^{q}_{q'}A^{i'}_{i}A^{k'}_{k}A^{p}_{p'}A^{j'}_{j}a^{ipk}_{pq}$$

$$=A^{q}_{q'}A^{i'}_{i}A^{k'}_{k}a^{ipk}_{pq}$$

即
$$a^{i'k'}_{q'}=A^{q}_{q'}A^{i'}_{i}A^{k'}_{k}a^{ik}_{q} \tag{1.51}$$

(1.51)式中张量 $a^{ik}_{q}$ 是由 $a^{ijk}_{pq}$ 的一对指标 $j$，$p$ 缩并而得到的。

由于加法所得的张量与原相加的张量同阶，乘法所产生的张量，一般地说，比相乘的张量阶数高，而缩并使阶数下降二阶(一个上指标和一个下指标)。当对一个上下指标相同的混合张量进行缩并时，总可以消去张量指标，而获得零张量，这就是不变量，所以缩并是得到不变量的重要途径。

例如：对于仿射量 $u$ 有一个张量 $a^{j}_{i}$，利用指标缩并，有

$$a\xlongequal{\text{缩并}}a^{i}_{i} \tag{1.52}$$

得到一个不变量 $a$，称为仿射量的迹。

(4)**商法则**或称**商定律**(Quotient Law)

即从商法则出发，导出张量识别定理。

该法则在简单情况下较易说明，但任何推广都是显然的。

设一有序数组 $R^{k}_{\cdot\cdot ij}$，但不知道它是否为一张量。假定有与 $R^{k}_{\cdot\cdot ij}$ 无关的任一张量 $S^{q}_{p}$($p,q=1,2,\cdots,n$)，与它缩并后得到一个张量 $R^{k}_{\cdot\cdot ij}S^{j}_{k}$，那么 $R^{k}_{\cdot\cdot ij}$ 也是一个张量，此定律称为张量的商法则。

推导思路：$R^{k}_{\cdot\cdot ij}S^{q}_{p}\xRightarrow{\text{缩并}}R^{k}_{\cdot\cdot ij}S^{j}_{k}$，则 $R^{k}_{\cdot\cdot ij}$ 为一张量。

$\Downarrow$　　$\Downarrow$

张量　　张量

**证**　①假定 $R^{k}_{\cdot\cdot ij}$ 为三阶混合张量，$S^{j}_{k}$ 为二阶混合张量，则缩并后 $R^{k}_{\cdot\cdot ij}S^{j}_{k}$ 为一阶张量。

$$R^{k'}_{\cdot\cdot i'j'}S^{j'}_{k'}=A^{i}_{i'}R^{k}_{\cdot\cdot ij}S^{j}_{k}$$

②根据定义

$$S^{j'}_{k'}=A^{k}_{k'}A^{j'}_{j}S^{j}_{k}$$

$$R^{k'}_{i'j'}A^{k}_{k'}A^{j'}_{j}S^{j}_{k}=A^{i}_{i'}R^{k}_{ij}S^{j}_{k} \quad ①$$

由于 $S^{j}_{k}$ 为任意的二阶混合张量,上式两端比较系数,得

$$R^{k'}_{i'j'}A^{k}_{k'}A^{j'}_{j}=A^{i}_{i'}R^{k}_{ij} \quad (k,j=1,2,\cdots,n) \quad ②$$

用反证法证明②式成立。

假设当 $k=1,j=1$ 时,②式不成立,即

$$R^{k'}_{i'j'}A^{1}_{k'}A^{j'}_{j}\neq A^{i}_{i'}R^{1}_{i1}$$

因为 $S^{j}_{k}$ 为任意的二阶混合张量,我们即可构造一个混合张量:

$$[S^{j}_{k}]=\begin{bmatrix}1 & 0 & 0 & \cdots & 0\\ 0 & & & & \\ 0 & & 0 & & \\ \vdots & & & & \\ 0 & & & & \end{bmatrix}$$

选出这个张量后,看能不能得出矛盾的结果?

③将所构造的张量代入①式,得

$$R^{k'}_{i'j'}A^{1}_{k'}A^{j'}_{1}S^{1}_{1}+(\cdots)S^{2}_{1}+(\cdots)S^{3}_{1}+\cdots=A^{i}_{i'}R^{1}_{i1}S^{1}_{1}+(\cdots)S^{2}_{1}+\cdots$$

$$R^{k'}_{i'j'}A^{1}_{k'}A^{j'}_{1}=A^{i}_{i'}R^{1}_{i1} \quad ③$$

③式的结论和反证法的假设是矛盾的,也就是说②式是成立的。

$$R^{k'}_{i'j'}=A^{i}_{i'}A^{j}_{j'}A^{k'}_{k}R^{k}_{ij} \quad ④$$

②式两端同乘二个矩阵,得

$$R^{k'}_{i'j'}A^{k}_{k'}A^{j'}_{j}A^{j}_{p'}A^{q'}_{k}=A^{i}_{i'}R^{k}_{ij}A^{j}_{p'}A^{q'}_{k}$$

所以
$$R^{q'}_{i'p'}=A^{i}_{i'}A^{j}_{p'}A^{k'}_{k}R^{k}_{ij}$$

将上式中 $q'\to k'$，$j\to p$，则得

$$R^{k'}_{i'p'}=A^{i}_{i'}A^{p}_{p'}A^{k'}_{k}A^{k}_{ip} \tag{1.53}$$

— 证毕 —

(1.53)式说明 $R^{k}_{ij}$ 服从张量变化规律。

**定理(张量识别定理)**　对给定的有序数组$\{T^{k}_{ij}\}$，如对于任意选取的张量$\{u^i\}$，$\{v^j\}$，$\{w_k\}$，使得

$$I=T^{k}_{ij}u^{i}v^{j}w_{k}$$

成为不变量，那么有序数组$\{T^{k}_{ij}\}$即构成张量。

商法则的另一证法如下：

我们知道，如果 $a^{ij}_{k}$ 为张量，$b^k$ 也为张量，则 $a^{ij}_{r}b^{r}=c^{ij}$ 也必然是张量。

现在反过来提一个问题：

若在每个坐标系中，按某规律都给出 $3^3$ 个数 $a(ijk)$，且有

$$a(ijk)b^{k}=c^{ij}\quad (k\text{ 从 1 到 3 求和}) \qquad ①$$

其中 $b^k$ 为与 $a(ijk)$ 无关的任意张量，$c^{ij}$ 也是张量，那么 $a(ijk)$ 的变化规律是什么？

$$a(i'j'k')b^{k'}=c^{i'j'} \qquad ②$$

而
$$c^{i'j'}=A^{i'}_{i}A^{j'}_{j}c^{ij}$$
$$=A^{i'}_{i}A^{j'}_{j}A^{k}_{k'}a(ijk)b^{k'} \qquad ③$$

②式减去③式，得

$$[a(i'j'k')-A^{i'}_{i}A^{j'}_{j}A^{k}_{k'}a(ijk)]b^{k'}=0$$

由于 $b^k$ 是与 $a(ijk)$ 无关的任意张量，所以必有

$$a(i'j'k') = A^{i'}_{\cdot i} A^{j'}_{\cdot j} A^{k}_{k'} a(ijk)$$

这正是张量 $a(ijk)$ 的变化规律。

今后我们将经常利用张量的商法则直接确定某些量是否为张量。

## 1.6 欧 氏 空 间

当我们在仿射空间中引进度量性质，即导出 Euclid 空间。Euclid空间有许多特有的性质，这就导致真欧氏空间和伪欧氏空间。

$n$ 维欧氏空间的概念：

**内积**　设有双线性函数 $\varphi(\boldsymbol{x},\boldsymbol{y})$。

①$\varphi(\boldsymbol{x},\boldsymbol{y}) = \varphi(\boldsymbol{y},\boldsymbol{x})\ \forall\ \boldsymbol{x},\boldsymbol{y}$　(1.54)

则称双线性函数 $\varphi$ 具有对称性。

②若对任何非零向量 $\boldsymbol{x} \neq \boldsymbol{0}$，总可以找到一个非零向量 $\boldsymbol{y}$，使得

$$\varphi(\boldsymbol{x}\cdot\boldsymbol{y}) \neq 0 \tag{1.55}$$

则称双线性函数 $\varphi$ 具有非退化性。

若在 $n$ 维仿射空间中，给定关于自变量向量 $\boldsymbol{x},\boldsymbol{y}$ 的一个固定的双线性函数 $\varphi(\boldsymbol{x},\boldsymbol{y})$，使其满足对称条件(1.54)式及非退化条件(1.55)式，则称此仿射空间为 $n$ 维欧氏空间。

内积

$$\varphi(\boldsymbol{x}\cdot\boldsymbol{y}) = (\boldsymbol{x}\cdot\boldsymbol{y})$$

当 $(\boldsymbol{x},\boldsymbol{y}) = 0$ 时，称该两向量 $\boldsymbol{x}$ 和 $\boldsymbol{y}$ 正交。

向量长度：

$$|\boldsymbol{x}| = \sqrt{(\boldsymbol{x}\cdot\boldsymbol{x})} = \sqrt{\boldsymbol{x}^2} \tag{1.56}$$

由定义可知，内积满足

$$((\boldsymbol{x}_1 + \boldsymbol{x}_2)\cdot y) = (\boldsymbol{x}_1\cdot\boldsymbol{y}) + (\boldsymbol{x}_2\cdot\boldsymbol{y}) \tag{1.57}$$

$$(\alpha\boldsymbol{x}\cdot\boldsymbol{y}) = \alpha(\boldsymbol{x}\cdot\boldsymbol{y}) \tag{1.58}$$

欧氏空间的分类：

实欧氏空间：所有被考虑的数都是实数，尤其$(\boldsymbol{x}\cdot\boldsymbol{y})$对任何$\boldsymbol{x},\boldsymbol{y}$均可取实数，称为实欧氏空间。

①真欧氏空间：若对一个非零向量$\boldsymbol{x}\neq 0$时，有$\boldsymbol{x}^2>0$，称此实欧氏空间为真欧氏空间。

②伪欧氏空间，当$\boldsymbol{x}\neq 0$时，$\boldsymbol{x}^2$可取正或负或零。

例如：四维空间中的点：$A(x_1,x_2,x_3,t)$，$B(y_1,y_2,y_3,t)$，则$A,B$二点之间距离的定义为

$$\overline{AB}^2=-(t_2-t_1)^2+(y_1-x_1)^2+(y_2-x_2)^2+(y_3-x_3)^2$$

当时间坐标较长时，会使向量$\overrightarrow{AB}^2$为负。在相对论的研究中会讨论这种情况。

③复欧氏空间：所有的数均为复数，这种 Euclid 空间称为复欧氏空间。

这里，我们讨论的是$n$维真欧氏空间$(\mathbf{E}_n)$。

**1. 度量张量**

①设$\boldsymbol{e}_i(i=1,2,\cdots,n)$为 Euclid 空间的仿射标架，将向量$\boldsymbol{x},\boldsymbol{y}$按仿射标架展开，即

$$\boldsymbol{x}=x^i\boldsymbol{e}_i$$

$$\boldsymbol{y}=y^j\boldsymbol{e}_j$$

$$(\boldsymbol{x}\cdot\boldsymbol{y})=(x^i\boldsymbol{e}_i)\cdot(y^j\boldsymbol{e}_j)=x^iy^j(\boldsymbol{e}_i\cdot\boldsymbol{e}_j)=g_{ij}x^iy^j$$

$$g_{ij}\overset{\text{def}}{=\!=}(\boldsymbol{e}_i\cdot\boldsymbol{e}_j)\quad(i,j=1,2,\cdots,n)\tag{1.59}$$

式中，系数$g_{ij}$称为 Euclid 空间的度量张量；$x^i$，$y^j$分别为$\boldsymbol{x},\boldsymbol{y}$的仿射坐标。由前面讨论可知，$g_{ij}$为二阶协变张量。由内积的对称性可知，$g_{ij}$为二阶对称张量，并有

$$g_{ij}=g_{ji}\tag{1.60}$$

②度量张量的非退化条件。

由非退化条件可知，对任一非零向量 $\boldsymbol{x}\neq 0$，总可以找到一个非零向量 $\boldsymbol{y}$，使得 $(\boldsymbol{x}\cdot\boldsymbol{y})\neq 0$。也就是说，不存在一个非零向量 $\boldsymbol{x}\neq 0$，它和空间内一切向量均正交，称这样的度量为非退化度量。

度量退化的充要条件是：其度量张量 $g_{ij}$ 的行列式等于零，即

$$\det[g_{ij}]=0 \tag{1.61}$$

**证** 设度量是退化的，即对 $\boldsymbol{x}\neq 0$，有

$$(\boldsymbol{x}\cdot\boldsymbol{y})=0,\ \forall\,\boldsymbol{y} \tag{1.62}$$

即

$$\boldsymbol{x}\neq 0$$

$$(\boldsymbol{x}\cdot\boldsymbol{y})=\varphi(\boldsymbol{x},\boldsymbol{y})=0,\ \forall\,\boldsymbol{y}$$

$$\boldsymbol{x}=x^i\boldsymbol{e}_i$$

$$\boldsymbol{y}=y^j\boldsymbol{e}_j$$

$$(\boldsymbol{x}\cdot\boldsymbol{y})=g_{ij}x^iy^j$$

而又已知 $\varphi(\boldsymbol{x}\cdot\boldsymbol{y})$ 退化，即

$$(\boldsymbol{x}\cdot\boldsymbol{y})=0$$

所以

$$g_{ij}x^iy^j=0,\qquad \forall\,y^j\quad (j=1,2,\cdots,n) \tag{1.63}$$

由于 $y^j$ 的任意性，所以有

$$g_{ij}x^i=0\quad (i=1,2,\cdots,n) \tag{1.64}$$

又因 $\boldsymbol{x}\neq 0$，所以 $x^i(i=1,2,\cdots,n)$ 不同时为零，这样，线性方程组(1.64)式有非零解，所以 $\det[g_{ij}]=0$，因而 $g_{ij}$ 是退化的。

由此，非退化条件等价于

$$\det[g_{ij}]\neq 0 \tag{1.65}$$

③$g_{ij}$ 是非退化的和坐标系的选择无关。

$g_{ij}$ 为二阶协变张量，因而在任一新坐标系下，有

$$g_{i'j'}=A^i_{i'}A^j_{j'}g_{ij}\quad(i',j'=1',2',\cdots,n')\tag{1.66}$$

由 $\det[A^i_{i'}]=\det[A^j_{j'}]$，可得

$$\det[g_{i'j'}]=[\det[A^{i'}_i]]^2\det[g_{ij}]$$

即

$$|[g_{i'j'}]|=|[A^i_{i'}]|^2|[g_{ij}]|\tag{1.67}$$

若 $|[g_{ij}]|$ 在一个坐标系中不为零，则在任一坐标系中也同样不为零。

**结论**：在 $n$ 维仿射空间内，引入向量的内积，等价于在 $n$ 维仿射空间内，给定一个满足对称条件和非退化条件的度量张量 $g_{ij}$。

**2. 逆变度量张量**

已知：$g_{ij}$ 为非退化，则 $[g_{ij}]$ 为非奇异阵，其逆阵存在，记为 $g^{ij}$。

$$[g_{ij}]^{-1}=g^{ij}$$

**证**　$g^{ij}$ 为二阶逆变张量，且有

$$g^{ij}g_{jk}=\delta^j_k\tag{1.68}$$

$$g^{ij}=g^{ji},\quad \det[g^{ij}]=\frac{1}{\det[g_{ij}]}\neq 0\tag{1.69}$$

同样 $g^{ij}$ 也是对称和非退化的，有

$$g^{i'j'}g_{j'k'}=\delta^{i'}_{k'}$$

$$g^{i'j'}g_{jk}A^j_{j'}A^k_{k'}=A^{i'}_iA^k_{k'}\delta^i_k$$

上式两端乘以 $A^m_{i'}A^{k'}_l$，缩并后得

$$A^m_{i'}A^j_{j'}g^{i'j'}g_{jl}=\delta^m_l$$

而

$$g^{mj}g_{jl}=\delta^m_l$$

比较上两式,并注意到逆阵唯一,可得

$$g^{mj}=A^m_{j}A^j_{j'}g^{i'j'} \tag{1.70}$$

所以,$g^{ij}$ 满足二阶逆张量的变换规律。

**3. 三维Euclid 空间中,度量张量与基矢量之间的关系**

$$g_{ij}\overset{\text{def}}{=\!=}\boldsymbol{e}_i\cdot\boldsymbol{e}_j\quad(i,j=1,2,3) \tag{1.71}$$

$$g_{ij}=g_{ji}\quad（度量张量具有对称性）$$

$$[g_{ij}]=\begin{bmatrix}g_{11}&g_{12}&g_{13}\\g_{21}&g_{22}&g_{23}\\g_{31}&g_{32}&g_{33}\end{bmatrix}$$

$$g\overset{\text{def}}{=\!=}|[g_{ij}]|=\begin{vmatrix}g_{11}&g_{12}&g_{13}\\g_{21}&g_{22}&g_{23}\\g_{31}&g_{32}&g_{33}\end{vmatrix}=|\boldsymbol{e}_i\cdot\boldsymbol{e}_j|$$

$$=(\boldsymbol{e}_1\quad\boldsymbol{e}_2\quad\boldsymbol{e}_3)^2\neq0 \tag{1.72}$$

下面证明(1.72)式成立。

$\boldsymbol{e}_1,\boldsymbol{e}_2,\boldsymbol{e}_3$ 为 $\mathbf{E}_3$ 中的三个基矢量,所以为非共面。

在 $\mathbf{E}_3$ 中,

$$(\boldsymbol{e}_1\quad\boldsymbol{e}_2\quad\boldsymbol{e}_3)^2=|[g_{ij}]|$$

$$|\boldsymbol{e}_1\cdot\boldsymbol{e}_2\times\boldsymbol{e}_3|=\begin{vmatrix}e_{11} & e_{12} & e_{13}\\ e_{21} & e_{22} & e_{23}\\ e_{31} & e_{32} & e_{33}\end{vmatrix} \tag{1.73}$$

$$(\boldsymbol{e}_1\cdot\boldsymbol{e}_2\times\boldsymbol{e}_3)^2=\begin{vmatrix}(\boldsymbol{e}_1\cdot\boldsymbol{e}_1) & (\boldsymbol{e}_1\cdot\boldsymbol{e}_2) & (\boldsymbol{e}_1\cdot\boldsymbol{e}_3)\\ (\boldsymbol{e}_2\cdot\boldsymbol{e}_1) & (\boldsymbol{e}_2\cdot\boldsymbol{e}_2) & (\boldsymbol{e}_2\cdot\boldsymbol{e}_3)\\ (\boldsymbol{e}_3\cdot\boldsymbol{e}_1) & (\boldsymbol{e}_3\cdot\boldsymbol{e}_2) & (\boldsymbol{e}_3\cdot\boldsymbol{e}_3)\end{vmatrix}$$

$$=\begin{vmatrix}g_{11} & g_{12} & g_{13}\\ g_{21} & g_{22} & g_{23}\\ g_{31} & g_{32} & g_{33}\end{vmatrix}=|[g_{ij}]|=g \tag{1.74}$$

因为　$(\boldsymbol{e}_1\quad \boldsymbol{e}_2\quad \boldsymbol{e}_3)\neq 0$

所以　$|[g_{ij}]|=(\boldsymbol{e}_1\quad \boldsymbol{e}_2\quad \boldsymbol{e}_3)^2\neq 0$

在 $\mathbf{E}_3$ 中，任意向量 $\boldsymbol{V}$ 可表达为三个非共面向量 $\boldsymbol{e}_1,\boldsymbol{e}_2,\boldsymbol{e}_3$ 的线性组合，即

$$\boldsymbol{V}=V^1\boldsymbol{e}_1+V^2\boldsymbol{e}_2+V^3\boldsymbol{e}_3$$

$$\boldsymbol{V}=V^i\boldsymbol{e}_i=V^r\boldsymbol{e}_r$$

$$\boldsymbol{V}\cdot\boldsymbol{e}_i=V^r\boldsymbol{g}_{ir} \tag{1.75}$$

因为任意向量 $\boldsymbol{V}$ 为已知，$\boldsymbol{V}\cdot\boldsymbol{e}_i$ 即为已知，$\boldsymbol{V}$ 对应 $\boldsymbol{e}_i$ 的三个分量 $V^r$ 是唯一的。

因为

$$g_{ir}V^r=\boldsymbol{V}\cdot\boldsymbol{e}_i$$

而　$|[g_{ij}]|=(\boldsymbol{e}_1\quad \boldsymbol{e}_2\quad \boldsymbol{e}_3)^2\neq 0$

所以，$V^r$ 有解的充要条件为其系数行列式 $|[g_{ij}]|\neq 0$，因此 $V^r$

有唯一解。

### 4. $E_3$ 中不共面的二组基矢量($e_i, e^j$)间的关系

这二组基矢量也称为共轭标架。

先引进不共面的一组仿射标架的基矢量 $e_i(e_1, e_2, e_3)$，再引进不共面的另一组仿射标架基矢量 $e^j(e^1, e^2, e^3)$。

$e_i$ 和 $e^j$ 正交，且 $e_i \cdot e^i = 1$，因为

$$\left.\begin{aligned} e^3 &\perp e_1, e_2 \\ e^1 &\perp e_2, e_3 \\ e^2 &\perp e_1, e_3 \end{aligned}\right\} \text{正交}$$

所以
$$e^i \cdot e_j = \delta^i_j = \begin{cases} 1, & i=j \\ 0, & i \neq j \end{cases} \tag{1.76}$$

在 $E_3$ 中，有

$$\delta^i_j \begin{cases} \delta^1_1 = \delta^2_2 = \delta^3_3 = 1 \\ \delta^1_2 = \delta^1_3 = \delta^2_3 = 0 \end{cases}$$

$e^i$ 为三个向量，称为逆变基矢量或反变基矢量；

$e_j$ 为三个向量，称为协变基矢量或共变基矢量。

设方程(1.76)式有解，则其解 $e^i$ 必可表达为 $e_j$ 的线性组组合，即

$$\left.\begin{aligned} e^1 &= g^{1j} e_j \\ e^2 &= g^{2j} e_j \\ e^3 &= g^{3j} e_j \end{aligned}\right\} \Rightarrow e^i = g^{ij} e_j \text{ 或 } e^j = g^{ji} e_i \tag{1.77}$$

$$e_k \cdot e^j = e_k \cdot g^{ji} e_i = g^{ji} g_{ki} = \delta^j_k \tag{1.78}$$

再进一步分析(1.78)式：

$$[g^{ji}g_{ki}]=[g^{ji}][g_{ki}]=[\delta^i_k]=\begin{bmatrix}1 & & 0\\ & 1 & \\ 0 & & 1\end{bmatrix}=\boldsymbol{E}$$

$$|[g^{ji}]|=\frac{1}{|[g_{ki}]|}=\frac{1}{g}\neq 0$$

而 $$|[g_{ij}]|=(\boldsymbol{e}_1\quad \boldsymbol{e}_2\quad \boldsymbol{e}_3)^2\neq 0$$

同理 $$|[g^{ij}]|=(\boldsymbol{e}^1\quad \boldsymbol{e}^2\quad \boldsymbol{e}^3)^2\neq 0$$

所以，$[g^{ij}]$和$[g_{ij}]$均为满秩阵。

方程(1.77)式的解，存在唯一性的问题即为$|[g^{ij}]|\neq 0$，已得证明。

从(1.77)式出发，讨论$\boldsymbol{e}^i$和$\boldsymbol{e}_j$的关系。

$$\boldsymbol{e}^i=g^{ij}\boldsymbol{e}_j$$

行列式$|g_{ij}|$某个元素的代数余子式为$\dfrac{\partial g}{\partial g_{ij}}$，利用 Cramer 公式得

$$g^{ij}=\frac{1}{g}\frac{\partial g}{\partial g_{ij}}$$

代回(1.74)式即可得$\boldsymbol{e}^i$，即

$$\boldsymbol{e}_i\cdot\boldsymbol{e}^j=\delta^j_i\quad(i,j,k\neq\quad)$$

$$\boldsymbol{e}^i\perp\boldsymbol{e}_j,\boldsymbol{e}_k$$

$$\boldsymbol{e}^i\parallel\boldsymbol{e}_j\times\boldsymbol{e}_k$$

所以
$$\begin{aligned}\boldsymbol{e}_i\cdot\boldsymbol{e}^i&=a\boldsymbol{e}_j\times\boldsymbol{e}_k\cdot\boldsymbol{e}_i\\&=a(\boldsymbol{e}_j\quad\boldsymbol{e}_k\quad\boldsymbol{e}_i)\quad(j,k,i\neq\quad)\\&=a(\boldsymbol{e}_1\quad\boldsymbol{e}_2\quad\boldsymbol{e}_3)\end{aligned}$$

$$a=\frac{1}{(\boldsymbol{e}_1 \quad \boldsymbol{e}_2 \quad \boldsymbol{e}_3)}$$

$$\boldsymbol{e}^i=\frac{\boldsymbol{e}_j\times\boldsymbol{e}_k}{(\boldsymbol{e}_1 \quad \boldsymbol{e}_2 \quad \boldsymbol{e}_3)} \quad (i,j,k\text{ 偶排列}) \tag{1.79}$$

同理可得

$$\boldsymbol{e}_i=\frac{\boldsymbol{e}^j\times\boldsymbol{e}^k}{(\boldsymbol{e}^1 \quad \boldsymbol{e}^2 \quad \boldsymbol{e}^3)} \quad (i,j,k\text{ 偶排列}) \tag{1.80}$$

(1.79)式和(1.80)式说明了两组不共面的基矢量(协变基 $\boldsymbol{e}_i$ 和逆变基 $\boldsymbol{e}^j$)之间的关系。

这组共轭的基矢量还具有以下性质:

$$g^{ij}=(\boldsymbol{e}^i\cdot\boldsymbol{e}^j) \tag{1.81}$$

$$\boldsymbol{e}_i=g_{ik}\boldsymbol{e}^k \tag{1.82}$$

$$\boldsymbol{e}^{i'}=A^{i'}_{\cdot i}\boldsymbol{e}^i \tag{1.83}$$

下面证明(1.83)式成立。

**证** $\quad \boldsymbol{e}^{i'}=g^{i'j'}\boldsymbol{e}_{j'}$

$$g^{i'j'}\boldsymbol{e}_{j'}=g^{i'j'}A^{k}_{\cdot j'}e_k=A^{i'}_{\cdot i}A^{j'}_{\cdot j}A^{k}_{\cdot j'}g^{ij}\boldsymbol{e}_k=g^{ij}A^{i'}_{\cdot i}\boldsymbol{e}_i=A^{i'}_{\cdot i}\boldsymbol{e}^i=\text{右}$$

(1.83)式说明,共轭标架具有一阶逆变张量的变换规律。

**小结**:$\boldsymbol{e}_i$ 和 $\boldsymbol{e}^j$ 之间的关系如下:

1° $\boldsymbol{e}^i\cdot\boldsymbol{e}_j=\delta^i_j=\begin{cases}1, & i=j\\ 0, & i\neq 0\end{cases}$

2° $\boldsymbol{e}^j=g^{ji}\boldsymbol{e}_i$

3° $\boldsymbol{e}_i=g_{ik}\boldsymbol{e}^k$

4° $g^{ij}=(\boldsymbol{e}^i\cdot\boldsymbol{e}^j)$

5°　$\boldsymbol{e}^{i'}=A^{i'}_{i}\boldsymbol{e}^{i}$

6°　$\boldsymbol{e}^{i}=\dfrac{\boldsymbol{e}_{j}\times\boldsymbol{e}_{k}}{(\boldsymbol{e}_{1}\quad\boldsymbol{e}_{2}\quad\boldsymbol{e}_{3})}$

$$\boldsymbol{e}_{i}=\frac{\boldsymbol{e}^{j}\times\boldsymbol{e}^{k}}{(\boldsymbol{e}^{1}\quad\boldsymbol{e}^{2}\quad\boldsymbol{e}^{3})}$$

本节已对以上各式进行了详细证明。

**5. 向量的坐标表示**

任一向量 $\boldsymbol{V}$,在仿射标架中,二组非共面的基矢 $\boldsymbol{e}^{i}$ 和 $\boldsymbol{e}_{i}$ 一般不重合,所以 $\boldsymbol{V}$ 可分别用 $\boldsymbol{e}^{i}$ 或 $\boldsymbol{e}_{i}$ 的线性组合来表示,即

$$\boldsymbol{V}=V_{i}\boldsymbol{e}^{i}=\boldsymbol{V}^{i}\boldsymbol{e}_{i}$$

(1)$\boldsymbol{V}$ 的逆变分量为

$$V_{i}\boldsymbol{e}^{i}\cdot\boldsymbol{e}_{k}=V^{i}\boldsymbol{e}_{i}\cdot\boldsymbol{e}_{k}$$

$$V_{k}=V^{i}g_{ik}\tag{1.84}$$

$V^{i}$ 为 $\boldsymbol{V}$ 的逆变分量。

(2)$\boldsymbol{V}$ 的协变分量为

$$V^{k}=V_{i}g^{ik}\tag{1.85}$$

$V_{i}$ 称为 $\boldsymbol{V}$ 的协变分量。

任意两个向量:

$$\boldsymbol{u}=u^{i}\boldsymbol{e}_{i}=u_{i}\boldsymbol{e}^{i}$$

$$\boldsymbol{V}=v^{j}\boldsymbol{e}_{j}=v_{j}\boldsymbol{e}^{j}$$

$$\begin{aligned}\boldsymbol{u}\cdot\boldsymbol{V}&=\boldsymbol{e}_{i}\cdot\boldsymbol{e}_{j}u^{i}v^{j}=g_{ij}u^{i}v^{j}=u^{i}v_{j}\Rightarrow u^{r}v_{r}\\&=\boldsymbol{e}^{i}\cdot\boldsymbol{e}^{j}u_{i}v_{j}=g^{ij}u_{i}v_{j}=u_{i}v^{j}\Rightarrow u_{r}v^{r}\end{aligned}$$

如令 $\boldsymbol{u}=\mathbf{V}$，则得长度的平方$|\mathbf{V}|^2$，可以看出：

$g_{ij}$，$g^{ij}$是与点积即求长度有关的量，度量张量一词即从这里而来。

在正交坐标系中

$$\boldsymbol{e}_j \cdot \boldsymbol{e}_i = \delta_{ji} = \begin{cases} 1, & j=i \\ 0, & j\neq i \end{cases}$$

$V_k = v^i g_{ik} = v^i \delta_{ik} = v^k$，所以正交坐标系中，$\mathbf{V}$ 只有一种分量。而在仿射坐标系中，$\mathbf{V}$ 才会出现两种形式的分量——$v^i$ 和 $v_i$。

在 Descates 坐标系中的$|[g_{ij}]|$有

$$|[g_{ij}]| = \begin{vmatrix} 1 & & 0 \\ & 1 & \\ 0 & & 1 \end{vmatrix} = |\boldsymbol{E}|$$

$$|[g_{ij}]|^{-1} = |[g^{ij}]| = |\boldsymbol{E}|$$

所以
$$g^{ij} = \delta^{ij}$$

$$\boldsymbol{e} = g^{ij}\boldsymbol{e}_j = \delta^{ij}\boldsymbol{e}_j = \boldsymbol{e}_i \text{（这时向量只有一种坐标分量）}$$

## 1.7 向量的叉积，Eddington 张量

①Eddington 张量的表示式为

$$\left.\begin{aligned} &\varepsilon_{ijk} \xlongequal{\text{def}} (\boldsymbol{e}_i \quad \boldsymbol{e}_j \quad \boldsymbol{e}_k) \\ &\varepsilon^{ijk} \xlongequal{\text{def}} (\boldsymbol{e}^i \quad \boldsymbol{e}^j \quad \boldsymbol{e}^k) \\ &\varepsilon_i^{\ jk} \xlongequal{\text{def}} (\boldsymbol{e}_i \quad \boldsymbol{e}^j \quad \boldsymbol{e}^k) \quad (i,j,k=1,2,3) \end{aligned}\right\} \tag{1.86}$$

Eddington 张量代表了以 $\boldsymbol{e}_i$，$\boldsymbol{e}_j$，$\boldsymbol{e}_k$ 为边长的平行六面体的体积（当然是指 $\varepsilon_{ijk}$）。

下面证明(1.86)式这三组量为张量。

**证**

$$\varepsilon_{ijk} \overset{\text{def}}{=\!=} \boldsymbol{e}_i \cdot \boldsymbol{e}_j \times \boldsymbol{e}_k$$

根据定义，在新坐标系中：

$$\begin{aligned}\varepsilon_{i'j'k'} &\overset{\text{def}}{=\!=} \boldsymbol{e}_{i'} \cdot \boldsymbol{e}_{j'} \times \boldsymbol{e}_{k'} \\ &= A^i_{i'}\boldsymbol{e}_i \cdot A^j_{j'}\boldsymbol{e}_j \times A^k_{k'}\boldsymbol{e}_k \\ &= A^i_{i'}A^j_{j'}A^k_{k'}\varepsilon_{ijk}\end{aligned} \tag{1.87}$$

则 $\varepsilon_{ijk}$ 为三阶协变张量。

同理可证：$\varepsilon^{ijk}$ 为三阶逆变张量。

$\varepsilon^{jk}_{i}$ 为三阶混合张量。

②在叉积中，Eddington 张量具有和度量张量在点积中类似的地位。

$$\left.\begin{aligned}\boldsymbol{u}\times\boldsymbol{v} &= u^i v^j \boldsymbol{e}_i \times \boldsymbol{e}_j \\ \boldsymbol{u}\times\boldsymbol{v}\cdot\boldsymbol{e}_k &= \varepsilon_{ijk} u^i v^j \\ \boldsymbol{u}\times\boldsymbol{v}\cdot\boldsymbol{e}^k &= \varepsilon^{ijk} u_i v_j\end{aligned}\right\} \tag{1.88}$$

(1.88)式即为叉积 $\boldsymbol{u}\times\boldsymbol{v}$ 的协变和逆变分量。

$\boldsymbol{u},\boldsymbol{v}$ 两个向量的夹角为

$$\cos(\boldsymbol{u},\boldsymbol{v}) = \frac{\boldsymbol{u}\cdot\boldsymbol{v}}{|\boldsymbol{u}|\cdot|\boldsymbol{v}|} = \frac{u^r v_r}{\sqrt{u^k u_k}\sqrt{v^l v_l}} \tag{1.89}$$

$$(\boldsymbol{u}\boldsymbol{v}\boldsymbol{w}) = u^i v^j w^k (\boldsymbol{e}_i \quad \boldsymbol{e}_j \quad \boldsymbol{e}_k) = \varepsilon_{ijk} u^i v^j w^k \tag{1.90}$$

③利用向量三重积的性质，Eddington 张量还可表示为

$$\varepsilon_{ijk}=\begin{cases}\sqrt{g}, & (i,j,k)\text{是}(1,2,3)\text{的偶排列}\\ -\sqrt{g}, & (i,j,k)\text{是}(1,2,3)\text{的奇排列}\\ 0, & \text{其它情形}\end{cases} \tag{1.91}$$

$$\varepsilon^{ijk}=\begin{cases}\dfrac{1}{\sqrt{g}}, & (i,j,k)\text{是}(1,2,3)\text{的偶排列}\\ -\dfrac{1}{\sqrt{g}}, & (i,j,k)\text{是}(1,2,3)\text{的奇排列}\\ 0, & \text{其它情形}\end{cases} \tag{1.92}$$

$$\varepsilon_{i}^{\cdot jk}=\begin{cases}g_{ii}/\sqrt{g}, & (i,j,k)\text{是}(1,2,3)\text{的偶排列}\\ -g_{ii}/\sqrt{g}, & (i,j,k)\text{是}(1,2,3)\text{的奇排列}\\ \pm g_{mi}/\sqrt{g}, & i=j\text{ 或 }j=k,m,j,k\text{ 是}(1,2,3)\text{的奇排列}\\ & \text{取负号、偶排列取正号其它情形}\\ 0, & \text{其它情形}\end{cases} \tag{1.93}$$

$$\varepsilon_{i}^{\cdot jk}=g_{im}\varepsilon^{mjk} \tag{1.94}$$

下面由(1.92)式、(1.94)式证明(1.93)式。

**证** $\varepsilon_{i}^{jk}=g_{im}\varepsilon^{mjk}$， $\varepsilon^{mjk}\big|_{mjk\text{偶排列}}=\dfrac{1}{\sqrt{g}}$

所以 $\varepsilon_{i}^{jk}=g_{im}/\sqrt{g}$ （$i=j,m,j,k$ 为偶排列）

$\varepsilon_{i}^{jk}=-g_{im}/\sqrt{g},\varepsilon^{mjk}\big|_{mjk\text{奇排列}}=-\dfrac{1}{\sqrt{g}}$

④仿射标架和共轭标架之间也可用向量积表示，即

$$\left.\begin{aligned}\boldsymbol{e}^{i}&=\frac{1}{\sqrt{g}}(\boldsymbol{e}_{j}\times\boldsymbol{e}_{k})\\ \boldsymbol{e}_{i}&=\sqrt{g}(\boldsymbol{e}^{j}\times\boldsymbol{e}^{k})\end{aligned}\right\}\ (i,j,k\text{ 为 }1,2,3\text{ 的偶排列}) \tag{1.95}$$

**证**　$(\boldsymbol{e}^i\cdot\boldsymbol{e}_j)=\delta^i_j$，当 $i\neq j$ 时，$\boldsymbol{e}^i\perp\boldsymbol{e}_j$，$\boldsymbol{e}^i\parallel\boldsymbol{e}_j\times\boldsymbol{e}_k$，

所以
$$\boldsymbol{e}^i=\alpha(\boldsymbol{e}_j\times\boldsymbol{e}_k)$$

$$\boldsymbol{e}_i\cdot\boldsymbol{e}^i=\alpha\boldsymbol{e}_i\cdot\boldsymbol{e}_j\times\boldsymbol{e}_k$$

所以
$$\alpha=\frac{1}{\sqrt{g}}$$

（注意：上面的 $i$ 不是求和指标）

代回 $\boldsymbol{e}^i$ 中，得
$$\boldsymbol{e}^i=\frac{1}{\sqrt{g}}(\boldsymbol{e}_j\times\boldsymbol{e}_k)\tag{1.95a}$$

利用(1.95)式、(1.91)式、(1.92)式还可得到

$$\boldsymbol{e}_i=\frac{1}{2}\varepsilon_{ijk}(\boldsymbol{e}^j\times\boldsymbol{e}^k)\tag{1.96}$$

$$\boldsymbol{e}^i=\frac{1}{2}\varepsilon^{ijk}(\boldsymbol{e}_j\times\boldsymbol{e}_k)\tag{1.97}$$

$$\left.\begin{aligned}\boldsymbol{e}_i\times\boldsymbol{e}_j&=\varepsilon_{ijk}\boldsymbol{e}^k\\ \boldsymbol{e}^i\times\boldsymbol{e}^j&=\varepsilon^{ijk}\boldsymbol{e}_k\end{aligned}\right\}\tag{1.98}$$

**证**　由(1.95)式得

$$\boldsymbol{e}^k=\frac{1}{\sqrt{g}}(\boldsymbol{e}_i\times\boldsymbol{e}_j)$$

$$\boldsymbol{e}_i\times\boldsymbol{e}_j=\sqrt{g}\boldsymbol{e}^k$$

而当 $i,j,k$ 为偶排列时，$\varepsilon_{ijk}=\sqrt{g}$。

所以
$$\boldsymbol{e}_i\times\boldsymbol{e}_j=\varepsilon_{ijk}\boldsymbol{e}^k$$

⑤度量张量 $g_{ij}$ 和 Eddington 张量间还具有以下关系：

将(1.97)式和 $\boldsymbol{e}_m$ 作内积，得

$$\delta^i_m=\frac{1}{2}\varepsilon^{ijk}\varepsilon_{mjk}\tag{1.99}$$

将(1.94)式两端乘 $\varepsilon_{jkl}$ 并求和,得

$$\varepsilon_{i}^{jk}\varepsilon_{jkl}=g_{im}\varepsilon^{mjk}\varepsilon_{jkl}=2g_{im}\delta_{l}^{m}$$

所以
$$g_{im}=\frac{1}{2}\varepsilon_{l}^{jk}\varepsilon_{jkl}\delta_{m}^{l}=\frac{1}{2}\varepsilon_{i}^{jk}\varepsilon_{jkm} \tag{1.100}$$

同理可得

$$g^{im}=\frac{1}{2}\varepsilon^{ijk}\varepsilon_{jk}^{m} \tag{1.101}$$

⑥用 Eddington 张量表示向量 $\boldsymbol{x},\boldsymbol{y}$ 组成的平行四边形的面积。在 Descates 坐标系中,可用 $|\boldsymbol{x}\times\boldsymbol{y}|$ 表示平行四边形的面积。

$$\boldsymbol{x}\times\boldsymbol{y}=\begin{vmatrix}\boldsymbol{x} & \boldsymbol{j} & \boldsymbol{k}\\ x_1 & x_2 & x_3\\ y_1 & y_2 & y_3\end{vmatrix}$$

在仿射坐标系中,有

$$\begin{aligned}\boldsymbol{x}\times\boldsymbol{y}&=x^{i}y^{j}\boldsymbol{e}_{i}\times\boldsymbol{e}_{j}=x_{i}y_{j}\varepsilon^{ijk}\boldsymbol{e}_{k}\\&=x^{p}yu^{q}\varepsilon_{Pqr}\boldsymbol{e}^{r}=x_{p}y_{q}\varepsilon^{pq}\boldsymbol{e}_{r}\end{aligned}$$

由向量的定义,有

$$\begin{aligned}|\boldsymbol{x}\times\boldsymbol{y}|^{2}&=(\boldsymbol{x}\times\boldsymbol{y})\cdot(\boldsymbol{x}\times\boldsymbol{y})\\&=(x^{i}y^{j}\varepsilon_{ijk}\boldsymbol{e}^{k})\cdot(x_{p}y_{q}\varepsilon^{pqr}\boldsymbol{e}_{r})\\&=x^{i}y^{j}x_{p}y_{q}\varepsilon_{ijk}\varepsilon^{pqr}\delta_{r}^{k}\\&=x^{i}y^{j}x_{p}y_{q}\varepsilon_{ijk}\varepsilon^{pqk}\end{aligned} \tag{1.102}$$

(1.102)式即为由 $\boldsymbol{x}$ 和 $\boldsymbol{y}$ 组成的平行四边形面积的平方。可见,在仿射坐标系中,计算两个向量所围成的面积与两组坐标:$x^{i}$,$y^{j}$ 及其共轭标架中的坐标 $x_{p}$,$y_{q}$ 都有关,而且和两组 $\varepsilon_{ijk}$,$\varepsilon^{pqk}$ 有关。

由(1.98)式中第一式可得由标架向量(基矢量)$\boldsymbol{e}_i,\boldsymbol{e}_j$ 组成的平行四边形面积(见图 1-3)。

$$\sum_k=\sqrt{(\boldsymbol{e}_i\times\boldsymbol{e}_j)^2}=\sqrt{\varepsilon_{ijm}\boldsymbol{e}^m\cdot\varepsilon_{ijl}\boldsymbol{e}^l}$$

$$=\sqrt{\varepsilon_{ijk}\varepsilon_{ijk}g^{kk}}$$

$$\sum_k=|\boldsymbol{e}_i\times\boldsymbol{e}_j|=\sqrt{gg^{kk}}\tag{1.103}$$

同理可得

$$\sum^k=|\boldsymbol{e}^i\times\boldsymbol{e}^j|=\sqrt{g_{kk}/g}\tag{1.104}$$

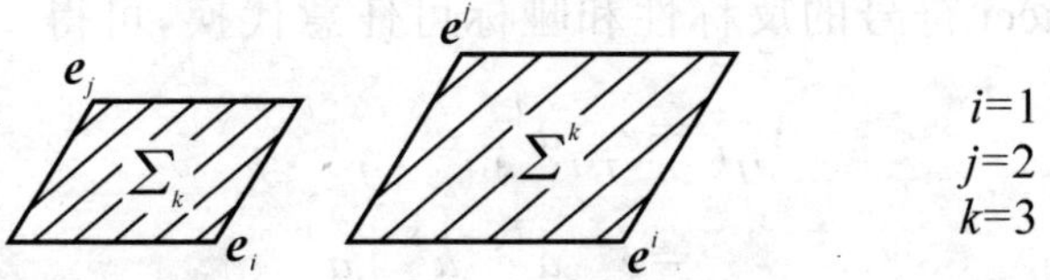


图 1-3　共轭标架

## 1.8　Ricci 符号，广义Kronecker 符号

在任何坐标系里，Ricci 符号均按以下取值(Ricci 符号也称为排列符号)：

$$e^{ijk}(\text{或 } e_{ijk})\overset{\text{def}}{=\!=}\begin{cases}1, & i,j,k \text{ 为偶排列}\\ -1, & i,j,k \text{ 为奇排列}\\ 0, & \text{其余情形}\end{cases}$$

即

$$e_{123}=e_{231}=e_{312}=+1$$

$$e_{132}=e_{321}=e_{213}=-1$$

$$e_{112}=e_{222}=\cdots=0$$

Ricci 符号和 Eddington 张量不同。

Eddington 张量 $\varepsilon_{ijk},\varepsilon^{ijk}$ 是绝对张量；而 Ricci 符号 $e_{ijk},e^{ijk}$ 是

张量密度(相对张量)。

以下讨论 Ricci 符号的变化规律。

根据行列式的定义,考虑到 Ricci 符号的含义,任何矩阵$[a^m_{\cdot n}]$的行列式均可表示如下:

行列式$|[a^m_{\cdot n}]|$的展开式:

$$|[a^m_{\cdot n}]| = e_{rst} a^r_{\cdot 1} a^s_{\cdot 2} a^t_{\cdot 3} \tag{1.105}$$

$$= e^{rst} a^1_{\cdot r} a^2_{\cdot s} a^3_{\cdot t} \tag{1.106}$$

基于 Ricci 符号的反称性和哑标可任意代换,可得

$$\begin{aligned} A_{ijk} &= e_{rst} a^r_{\cdot i} a^s_{\cdot j} a^t_{\cdot k} \\ &= e_{tsr} a^t_{\cdot i} a^s_{\cdot j} a^r_{\cdot k} \\ &= e_{tsr} a^r_{\cdot k} a^s_{\cdot j} a^t_{\cdot i} \\ &= -e_{rst} a^r_{\cdot k} a^s_{\cdot j} a^t_{\cdot i} \\ &= -A_{kji} \end{aligned} \tag{1.107}$$

因此,关于 $i,j,k$ 三个指标均为反对称。

当 $i,j,k=1,2,3$ 时,(1.107)式就等于行列式$|[a^m_{\cdot n}]|$。

$$A_{ijk} = e_{rst} a^r_{\cdot i} a^s_{\cdot j} a^t_{\cdot k} = |[a^m_{\cdot n}]| e_{ijk} \tag{1.108}$$

$$e^{rst} a^i_{\cdot r} a^j_{\cdot s} a^k_{\cdot t} = |[a^m_{\cdot n}]| e^{ijk} \tag{1.109}$$

$$e^{rst} a_{ri} a_{sj} a_{tk} = |[a_{mn}]| e_{ijk} \tag{1.110}$$

将(1.108)式和(1.109)式乘变换行列式$|[A^P_{P'}]|$和$|[A^{P'}_P]|$,得

$$e_{ijk} A^i_{i'} A^j_{j'} A^k_{k'} = |[A^P_{P'}]| e_{i'j'k'}$$

$$e^{ijk}A^{i'}_{i}A^{j'}_{j}A^{k'}_{k}=|[A^{P'}_{P}]|e^{i'j'k'}$$

因而

$$e_{i'j'k'}=|[A^{P}_{P'}]|^{-1}A^{i}_{i'}A^{j}_{j'}A^{k}_{k'}e_{ijk} \tag{1.111}$$

$$e^{i'j'k'}=|[A^{P}_{P'}]|A^{i'}_{i}A^{j'}_{j}A^{k'}_{k}e^{ijk} \tag{1.112}$$

(1.111)式和(1.112)式说明 $e_{ijk}$ 和 $e^{ijk}$ 是三阶张量密度，其权 $w$ 分别为−1 和+1。

注意：　$e^{ijk}\neq g^{il}g^{jm}g^{kn}e_{lmn}$

它和 Eddington 张量 $\varepsilon_{ijk}$，$\varepsilon^{ijk}$ 有本质区别。

Ricci 符号和 Eddington 张量又有联系：

$$\varepsilon_{ijk}\overset{\text{def}}{=\!=}(\boldsymbol{e}_i\quad \boldsymbol{e}_j\quad \boldsymbol{e}_k)\overset{\text{def}}{=\!=}e_{ijk}(\boldsymbol{e}_1\quad \boldsymbol{e}_2\quad \boldsymbol{e}_3)=e_{ijk}\sqrt{g} \tag{1.113}$$

$$\varepsilon^{ijk}\overset{\text{def}}{=\!=}e^{ijk}(\boldsymbol{e}^1\quad \boldsymbol{e}^2\quad \boldsymbol{e}^3)=e^{ijk}\frac{1}{\sqrt{g}} \tag{1.114}$$

(1.113)式和(1.114)式很重要，根据它们可得广义 Kronecker 符号的进一步具体表达式。

广义 Kronecker 符号：

$$\delta^{j}_{i}\overset{\text{def}}{=\!=}\begin{cases}1, & i=j\\ 0, & i\neq j\end{cases}$$

$$\delta^{ij}_{rs}\overset{\text{def}}{=\!=}\begin{cases}0, & \text{有两个或更多的上(或下)指标相同,}\\ & \text{或是上、下由不同指标组成。}\\ & \delta^{11}_{rs}=\delta^{22}_{rs}=\delta^{ij}_{33}=0,\delta^{12}_{32}=0\\ 1, & i,j;r,s\quad \text{偶排列}\quad \delta^{12}_{12}=1\\ -1, & i,j;r,s\quad \text{奇排列}\end{cases} \tag{1.115}$$

$$\delta^{ijk}_{rst} \overset{\text{def}}{=\!=} \begin{cases} 0, & \text{和上面第一种情况相同,上、下指标的区别为偶排列} \\ 1, & \delta^{ijt}_{rst} = \delta^{ij1}_{rs1} + \delta^{ij2}_{rs2} + \delta^{ij3}_{rs3} = 1 \\ -1, & \text{上下指标的区别为奇排列} \end{cases} \tag{1.116}$$

## 习　　题

1. 用 $n$ 维仿射坐标系中做任一向量 $\boldsymbol{x}$，说明并写出用 Einstein 规约的表示法。

2. Eddington 张量 $\varepsilon_{ijk}$（或 $\varepsilon^{ijk}$）和 Ricci 符号 $e_{ijk}$（或 $e^{ijk}$）之间的关系式是怎样的？这两个量都是什么张量？

3. 推导仿射坐标系中两组基矢量之间关系的表达式。

4. 在仿射坐标系中：

(1)向量的坐标变换为：
$$\begin{cases} \boldsymbol{x}^{i} = A^{i}_{i'} \cdot \boldsymbol{x}^{i'} \\ \boldsymbol{x}^{i'} = A^{i'}_{i} \boldsymbol{x}^{i} \end{cases}$$

这其中 $A^{i}_{i'}$ 和 $A^{i'}_{i}$ 是什么关系？

(2)仿射坐标的基底变换为：
$$\begin{cases} \boldsymbol{e}_{i} = A^{i'}_{i} \boldsymbol{e}_{i'} \\ \boldsymbol{e}_{i'} = A^{i}_{i'} \boldsymbol{e}_{i} \end{cases}$$

这其中 $A^{i'}_{i}$ 和 $A^{i}_{i'}$ 是什么关系？

(3)$\boldsymbol{x}^{i} = A^{i}_{i'} \boldsymbol{x}^{i'}$ 和 $\boldsymbol{e}_{i'} = A^{i}_{i'} \boldsymbol{e}_{i}$ 两式中的 $A^{i'}_{i}$ 及 $A^{i}_{i'}$ 之间又是什么关系？

5. Eddington 张量 $\varepsilon_{ijk}$，$\varepsilon^{ijk}$ 及 $\varepsilon^{\,ijk}_{i}$ 的定义及物理意义是什么？

6. 证明：两个张量 $a_{ij}$ 和 $b^{q}_{p}$ 的乘积仍为张量。

7. 证明：张量 $a_{ijk}^{q}$ 关于指标缩并后仍为张量。

8. 设：$a_{ijk}^{p}$ 为一有序数组，$b^{ik}$ 为任意二阶逆变张量，又 $a_{ijk}^{p}b^{ik}$ 为一二阶混合张量。

证明：$a_{ijk}^{p}$ 为一个三阶协变一阶逆变的张量。

9. 用张量求柱坐标系$(\gamma,\theta,z)$和球坐标系$(R,\theta,\varphi)$之间的变换关系。

10. 证明：任一个二阶张量可分解为二阶对称张量和二阶反对称张量之和。

# 第二章　张量分析

本章主要研究三维真 Euclid 空间($\mathbf{E}_3$)中的张量分析。因为 $\mathbf{E}_3$ 中的张量在应用上是最广泛的,在这个基础上,又可进一步推广到 $\mathbf{E}_n$ 和仿射空间。此外,我们还将对平坦流形和 Riemann 空间的张量分析进行讨论。

## 2.1　曲线坐标系

在 $\mathbf{E}_3$ 中的仿射坐标系$\{y^i\}$内($\boldsymbol{i}_1,\boldsymbol{i}_2,\boldsymbol{i}_3$ 为其基矢量),空间任一点 $P$ 的矢径为$\boldsymbol{R}=x^i\boldsymbol{e}_i$。

设 $\Omega$ 为 $\mathbf{E}_3$ 中的某一连通域,在 $\Omega$ 上给定了仿射坐标的三个连续可微,并且是单值的函数(我们引入了新变量$\{x^i\}$):

$$\left.\begin{aligned} &x^i=f_i(y^1,y^2,y^3)\quad(i=1,2,3)\\ &x^i=x^i(y^i)\end{aligned}\right\}\tag{2.1}$$

并设它们是可逆的,即在整个 $x^i$ 的变化范围内,存在反函数

$$y^i=y^i(x^i)$$

更确切地说,从方程(2.1)式可以解得函数 $y^i$,使 $y^i$ 为

$$y^i=g_i(x^1,x^2,x^3)\quad(i=1,2,3)\tag{2.2}$$

并且是连续可微的单值函数。若函数(2.1)式不是线性函数,则称$\{x^i\}$为$\mathbf{E}_3$中区域$\Omega$上的曲线坐标系。也就是说,在$\Omega$域上的变量$\{x^i\}$和该域上的仿射坐标系$\{y^i\}$之间,由可逆的、互为单值的、连续可微的变换相联系,则称$\{x^i\}$为$\Omega$域中的曲线坐标系,如图2-1所示。

这样,在整个区域内,正和逆两种变换的Jacobi行列式均不为零,即

$$\det\left[\frac{\partial x^i}{\partial y^i}\right]\neq 0 \quad (2.3)$$

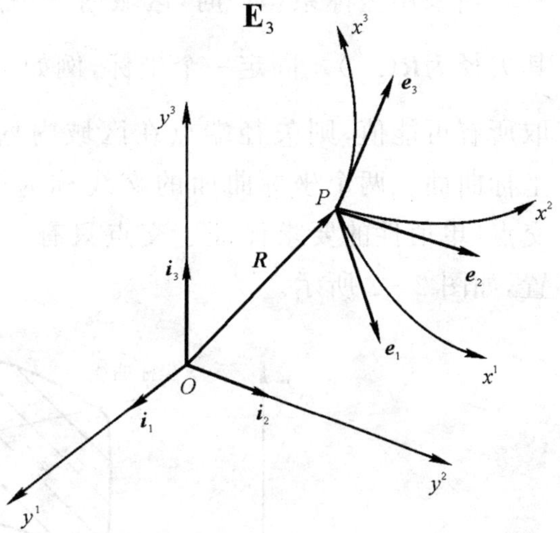


图　2-1

考虑到

$$1=|[\delta^i_j]|=\left|\left[\frac{\partial x^i}{\partial y^k}\frac{\partial y^k}{\partial k^j}\right]\right|=\left|\left[\frac{\partial x^i}{\partial y^i}\right]\right|\left|\left[\frac{\partial y^j}{\partial x^j}\right]\right|$$

又有

$$\left|\left[\frac{\partial y^i}{\partial x^i}\right]\right|\neq 0 \qquad (2.4)$$

当然其对应的矩阵是互逆的。

$$\frac{\partial x^i}{\partial x^j}=\frac{\partial x^i}{\partial y^k}\frac{\partial y^k}{\partial x^j},\quad 而\frac{\partial x^i}{\partial x^j}=\delta^i_j$$

即

$$\frac{\partial x^i}{\partial y^k}\frac{\partial y^k}{\partial x^j}=\delta^i_j$$

所以

$$\left[\frac{\partial x^i}{\partial y^i}\right]=\left[\frac{\partial y^i}{\partial x^i}\right]^{-1}$$

**注意**:再次强调,Jacobi 行列式不等于零,只能保证在某一点的领域内单值、可逆,而不能保证在 $\Omega$ 域内单值可逆,所以必须在整个 $\Omega$ 域内,(2.3)式和(2.4)式均成立。

当采用坐标系$\{x^i\}$时,区域内任一点 $P$ 就可用坐标 $x^i$ 来确定,其矢径为$\boldsymbol{R}(x^i)$。固定一个坐标,例如 $x^1$ 而令其它两个坐标 $x^2$,$x^3$ 取所有可能值,则矢径端点在区域内划出轨迹 $x^1=\text{const}$,称为 $x^1$ 坐标曲面。两个坐标曲面的交线称为坐标曲线。三个坐标曲面的交点(单值性的要求保证了交点只有一个)就定出 $P$ 点在空间的位置,如图 2-2 所示。

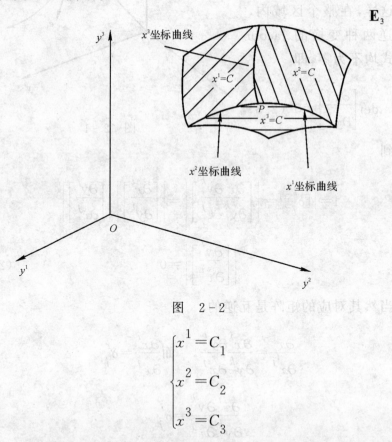

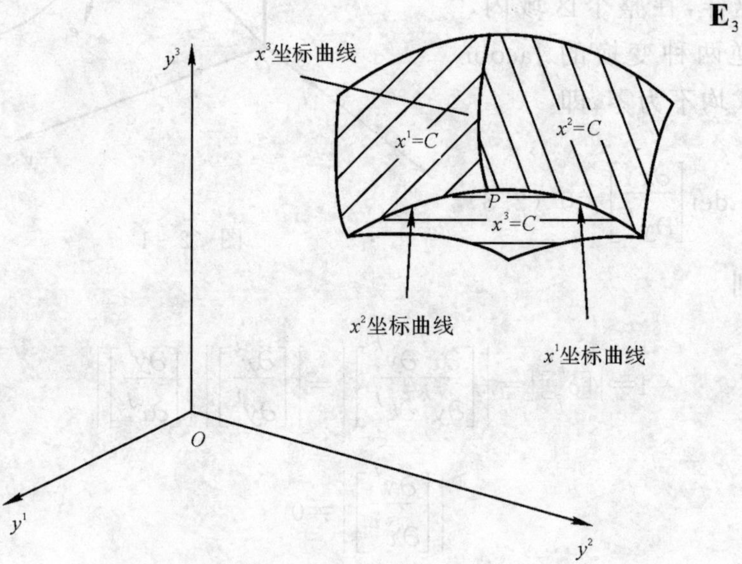


图 2-2

即
$$\begin{cases} x^1 = C_1 \\ x^2 = C_2 \\ x^3 = C_3 \end{cases}$$

上式代表三个坐标曲面,交点为 $P$。

## 2.2 曲线坐标下的张量

### 1. 局部标架

设 $x^i(i=1,2,3)$为 $\mathbf{E}_3$ 中 $\Omega$ 域上的曲线坐标系。$\{y^i\}$仍为 $\mathbf{E}_3$ 中的仿射坐标系。域上任一点 $P$ 到原点 $O$ 的矢径$\overrightarrow{OP}=\boldsymbol{R}$,则

$$\boldsymbol{R}=\boldsymbol{R}(x^i)=\boldsymbol{R}(y^i) \tag{2.5}$$

过 $P$ 点有三个坐标线：

$$\left.\begin{array}{l} x^1 \text{ 坐标线} \\ x^2 \text{ 坐标线} \\ x^3 \text{ 坐标线} \end{array}\right\} \text{区域 } \Omega \text{ 上的曲线坐标}$$

取过 $P$ 点切于坐标曲线的向量为局部标架。

令
$$\boldsymbol{e}_i \xlongequal{\text{def}} \frac{\partial \boldsymbol{R}}{\partial x^i} \quad (i=1,2,3) \tag{2.6}$$

坐标系$\{x^i\}$本身完全确定了基矢量的方向和长度。所以$\{\boldsymbol{e}_i\}$为仿射标架上的协变基矢量。由于$\{x^i\}$坐标系是随点的位置而变化的，所以 $\boldsymbol{e}_i$ 是点 $P$ 的函数，因而这种标架称为局部标架。它随点 $P$ 运动，因而又称为活动标架，$\{x^i\}$称为活动坐标系，如图 2-3 所示。

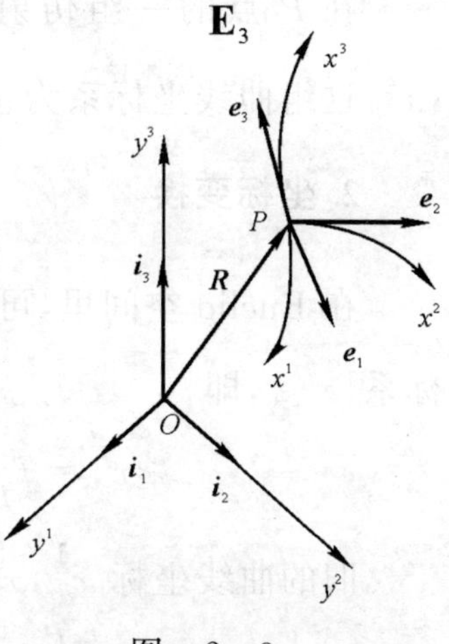


图 2-3

局部标架 $\boldsymbol{e}_i$ 是由$\frac{\partial \boldsymbol{R}}{\partial x^i}$形成，而$\frac{\partial \boldsymbol{R}}{\partial x^i}$是 $x^i$ 坐标线在 $P$ 点的切矢量。一般讲 $\boldsymbol{e}_i$ 不

是单位矢量，而且一般也不正交，即

$$e_i \cdot e_j \neq \boldsymbol{\delta}_{ij}$$

作用在 $P$ 点的向量或张量，就按在该点的局部标架进行分解，例如：

$$\mathbf{V} = V^i(P)\boldsymbol{e}_i(P) \qquad (2.7)$$

其分量的变换采用 $A^i_{i'}(P), A^{i'}_i(P)$ 较为方便。今后将省去符号($P$)。这样，当我们只考虑作用在同一点 $P$ 的各种张量时，可以应用前面仿射标架的全部结论。

当然，向量（或张量）也可移到域内其它任意点 $Q$ 来讨论。这时有

$$\mathbf{V} = V^i(Q)\boldsymbol{e}_i(Q)$$

一般说，$\boldsymbol{e}_i(p) \neq \boldsymbol{e}_i(q)$，因而 $V^i(p) \neq V^i(q)$。可见，在曲线坐标系里，张量分量的概念和具体的点有密切联系。

例如：

$$\boldsymbol{U} + \boldsymbol{V} = U^i(p)\boldsymbol{e}_i(p) + V^i(q)\boldsymbol{e}_i(q)$$

而 $$U^i(p) + V^i(q) \neq \boldsymbol{U} + \boldsymbol{V}$$

在 $P$ 点的一组仿射坐标系 $\boldsymbol{e}_1, \boldsymbol{e}_2, \boldsymbol{e}_3$ 如是相互垂直的，就称 $\{x^i\}$ 这组曲线坐标系为正交曲线坐标。

**2. 坐标变换**

在 Euclid 空间里，可从一个曲线坐标系 $\{x^i\}$ 变换到新的曲线坐标系 $\{x^{i'}\}$，即

$$x^{i'} = f_i(x^i) \quad (i=1,2,3) \quad \in \mathbf{E}_3 \qquad (2.8)$$

旧的曲线坐标 $x^1, x^2, x^2 \Rightarrow \boldsymbol{e}_1, \boldsymbol{e}_2, \boldsymbol{e}_3$

新的曲线坐标 $x^{1'}, x^{2'}, x^{3'} \Rightarrow \boldsymbol{e}_{1'}, \boldsymbol{e}_{2'}, \boldsymbol{e}_{3'}$

假定已知这两组坐标系间的关系为

$$x'_1 = f'_1(x^1, x^2, x^3)$$

$$x'_2 = f'_2(x^1, x^2, x^3)$$

$$x'_3 = f'_3(x^1, x^2, x^3)$$

$$\left[\frac{\partial x^{i'}}{\partial x^i}\right] \Rightarrow \det\left[\frac{\partial x^{i'}}{\partial x^i}\right] \neq 0$$

那么相应的两组局部标架之间具有以下关系：

$$\boldsymbol{e}_{i'} = \frac{\partial x^i}{\partial x^{i'}} \boldsymbol{e}_i \quad (i=1,2,3) \tag{2.9}$$

$$\boldsymbol{R} = \boldsymbol{R}(x^i) = \boldsymbol{R}(x^{i'})$$

$$\boldsymbol{e}_{i'} = \frac{\partial \boldsymbol{R}}{\partial x^{i'}} = \frac{\partial \boldsymbol{R}}{\partial x^i}\frac{\partial x^i}{\partial x^{i'}} = \frac{\partial x^i}{\partial x^{i'}} \boldsymbol{e}_i \tag{2.10}$$

(2.10)式即为曲线坐标系中局部标架的变换规律。

### 3. 张量场

(1)张量场的概念

在曲线坐标系中，我们研究的不仅仅是个别的张量，而是张量场，也就是对空间每一个点 $M$ 给定一个张量，这种张量的阶数是一个常数，而其坐标面，是随点的位置而改变，这就确定了一个张量场，张量场是在空间某个区域内的每点定义有同型（同阶、同权）的张量。当然，一般张量场中所考察的张量随位置（和时间）而变化。对某固定时刻，研究张量场因位置而变化的情况，使我们从张量代数的范畴进入张量分析的领域。

所以张量计算的目的在于研究张量场，第一章中张量代数的运算均可一一运用到张量场的运算中。

通常，数量场即为一个零阶张量场；向量场为一阶张量场。例如：电场或磁场、速度场等，每一时刻在空间内的每一点上都有一定的数值。

张量坐标，当然可以选任一个仿射标架来计算，但现在局部坐标系是取定了曲线坐标系后，相应地张量场内每一个 $M$ 点上都将具有一个局部坐标系（运动标架），而张量的分量是指在这一点的局部坐标系中来进行计算的，这也是通常所指的张量在已知曲线坐标系中的坐标。

| 固定标架 $e_i$（仿射坐标系） | 活动标架 $e_i(M)$（曲线坐标系 $\{x^i\}$） |
| --- | --- |
| $e_{i'} = A^i_{i'} e_i$ | $e_{i'} = \dfrac{\partial x^i}{\partial x^{i'}} e_i$ |
| $a_{i'} = A^i_{i'} a_i$ | $a_{i'}(M) = \dfrac{\partial x^i}{\partial x^{i'}}(M) a_i(M)$ |
| $a_{i'j'} = A^i_{i'} A^j_{j'} a_{ij}$ | $a_{i'j'}(M) = \dfrac{\partial x^i}{\partial x^{i'}} \dfrac{\partial x^j}{\partial x^{j'}} a_{ij}(M)$ |
| $a^{i'}_{j'} = A^{i'}_i A^j_{j'} a^i_j$ | $a^{i'}_{j'}(M) = \dfrac{\partial x^{i'}}{\partial x^i} \dfrac{\partial x^j}{\partial x^{j'}}(M) a^i_j(M)$ |

从上面右边一组等式可看到：从一组曲线坐标变换到另一组曲线坐标引起张量场相应的坐标变换。只是这时 $\dfrac{\partial x^{i'}}{\partial x^i}, \dfrac{\partial x^j}{\partial x^{j'}}$ 均取 $M$ 点的值。

(2)度量张量 $g_{ij}$

$$g_{ij} = e_i \cdot e_j = \frac{\partial \boldsymbol{R}}{\partial x^i} \frac{\partial \boldsymbol{R}}{\partial x^j} \tag{2.11}$$

这时 $g_{ij} = g_{ij}(P)$ 是点 $P$ 的函数。

因为
$$\frac{\partial \boldsymbol{R}}{\partial x^i} = \frac{\partial y^1}{\partial x^i} \boldsymbol{i}_1 + \frac{\partial y^2}{\partial x^i} \boldsymbol{i}_2 + \frac{\partial y^3}{\partial x^i} \boldsymbol{i}_3$$

所以
$$g_{ij} = \sum_{k=1}^{3} \frac{\partial y^k}{\partial x^i} \frac{\partial y^k}{\partial x^j} \tag{2.12}$$

(2.12)式是度量张量的具体计算式。

逆变度量张量是 $g^{ij}$，则

$$[g^{ij}]=[g_{ij}]^{-1}$$

即
$$g_{ik}g^{kj}=\delta_i^j \tag{2.13}$$

(3) $\boldsymbol{e}_i$ 与其共轭标架 $\boldsymbol{e}^i$ 之间的关系

$$\boldsymbol{e}^i=g^{ij}\boldsymbol{e}_j \tag{2.14}$$

$$\boldsymbol{e}^i=(\boldsymbol{e}_j\times\boldsymbol{e}_k)/\sqrt{g} \tag{2.15}$$

$$\boldsymbol{e}_i=(\boldsymbol{e}^j\times\boldsymbol{e}^k)\sqrt{g} \tag{2.16}$$

$$\boldsymbol{e}^i=\frac{1}{2}\varepsilon^{ijk}(\boldsymbol{e}_j\times\boldsymbol{e}_k) \tag{2.17}$$

$$\boldsymbol{e}_i=\frac{1}{2}\varepsilon_{ijk}(\boldsymbol{e}^j\times\boldsymbol{e}^k) \tag{2.18}$$

$$\boldsymbol{e}_i\cdot\boldsymbol{e}^j=\delta_i^j \tag{2.19}$$

**注意**：这里标架是点 $P$ 的函数，$i,j,k$ 是 1,2,3 轮换。

## 2.3　Christoffel 符号

### 1. 简介

①在曲线坐标系里，空间区域内的任一点都是对应于这组曲线坐标系的仿射坐标系$\{\boldsymbol{e}_i\}$，即局部坐标系 $\boldsymbol{e}_i$ $(i=1,2,3)$形成一个向量场。

由全微分可知：

$\mathrm{d}\boldsymbol{e}_i=\dfrac{\partial \boldsymbol{e}_i}{\partial x^j}\mathrm{d}x^j$，所以$\dfrac{\partial \boldsymbol{e}_i}{\partial x^j}$也是一个向量场。

$$\boldsymbol{e}_{ij} \xlongequal{\text{记作}} \frac{\partial \boldsymbol{e}_i}{\partial x^j} \tag{2.20}$$

而 $\boldsymbol{e}_i = \dfrac{\partial \boldsymbol{R}}{\partial x^i}$，所以

$$\boldsymbol{e}_{ij} = \frac{\partial \boldsymbol{R}}{\partial x^j \partial x^i} = \boldsymbol{R}_{,ij} \tag{2.21}$$

而
$$\boldsymbol{e}_{ji} = \frac{\partial^2 \boldsymbol{R}}{\partial x^i \partial x^j} = \boldsymbol{R}_{,ji} \tag{2.22}$$

所以
$$\boldsymbol{e}_{ij} = \boldsymbol{e}_{ji} \tag{2.23}$$

**注意**：为今后需要，将协变基 $\boldsymbol{e}_i$ 关于坐标的变化率在基矢量上分解时，用“$\partial_i$”或“$,i$”代替 $\dfrac{\partial}{\partial x_i}$。

②任一向量 $\boldsymbol{u} = u^k \boldsymbol{e}_k = u_k \boldsymbol{e}^k$，则

$$\boldsymbol{u}\begin{cases} u^k \text{——逆变分量} \\ u_k \text{——协变分量} \end{cases}$$

③用类同的方法，也可将向量 $\boldsymbol{e}_{ij}$ 分解为两个分量：

$$\boldsymbol{e}_{ij}\begin{cases} \text{逆变分量} \\ \text{协变分量} \end{cases}$$

$$\boldsymbol{e}_{ij} \Rightarrow \begin{cases} \boldsymbol{e}_{ij} = \Gamma^k_{ij} \boldsymbol{e}_k = \Gamma^1_{ij} \boldsymbol{e}_1 + \Gamma^2_{ij} \boldsymbol{e}_2 + \Gamma^3_{ij} \boldsymbol{e}_3 & (2.24) \\ \Gamma^k_{ij} \text{——类同逆变分量，称为第一类 Christoffel 符号} \\ \boldsymbol{e}_{ij} = \Gamma_{ij,k} \boldsymbol{e}^k = \Gamma_{ij,1} \boldsymbol{e}_2 + \Gamma_{ij,2} \boldsymbol{e}_2 + \Gamma_{ij,3} \boldsymbol{e}_3 & (2.25) \\ \Gamma_{ij,k} \text{——类同协变分量，称为第二类 Christoffel 符号} \end{cases}$$

(2.25)式中，$i, j, k = 1, 2, 3$。

**2. Christoffel 符号的关系式**

①
$$\boldsymbol{e}_{ij} = \Gamma^k_{ij} \boldsymbol{e}_k = \Gamma_{ij,k} \boldsymbol{e}^k \tag{2.26}$$

$$\boldsymbol{e}_{ij}\cdot\boldsymbol{e}^k=\Gamma_{ij}^k \tag{2.27}$$

$$\boldsymbol{e}_{ij}\cdot\boldsymbol{e}_k=\Gamma_{ij,k} \tag{2.28}$$

② $\boldsymbol{e}_{ij}=\Gamma_{ij}^k\boldsymbol{e}_k=\Gamma_{ij}^k g_{km}\boldsymbol{e}^m=\Gamma_{ij}^m g_{k_m}\boldsymbol{e}^k=\Gamma_{ij,k}\boldsymbol{e}^k$

则
$$\Gamma_{ij,k}=\Gamma_{ij}^m g_{km} \tag{2.29}$$

同理得
$$\Gamma_{ij}^k=\Gamma_{ij,m}g^{km} \tag{2.30}$$

③$\boldsymbol{e}_{ji}=\boldsymbol{e}_{ij}$，有

$$\left.\begin{aligned}&\boldsymbol{e}_{ji}=\Gamma_{ji}^k\boldsymbol{e}_k=\Gamma_{ij}^k\boldsymbol{e}_k\Rightarrow\Gamma_{ij}^k=\Gamma_{ji}^k\\&\boldsymbol{e}_{ji}=\Gamma_{ji,k}\boldsymbol{e}^k=\Gamma_{ij,k}\boldsymbol{e}^k\Rightarrow\Gamma_{ji,k}=\Gamma_{ij,k}\end{aligned}\right\} \tag{2.31}$$

④用内积表示 Christoffel 符号：

由(2.31)式可得

$$\left.\begin{aligned}&\Gamma_{ij}^k=\boldsymbol{e}_{ij}\cdot\boldsymbol{e}_k\\&\Gamma_{ij,k}=\boldsymbol{e}_{ij}\cdot\boldsymbol{e}^k\end{aligned}\right\} \tag{2.32}$$

⑤第一类 Christoffel 符号的另一表达式为

$$\boldsymbol{e}_i\cdot\boldsymbol{e}_j=g_{ij}$$

上式两端对 $x^k$ 求偏导，得

$$\boldsymbol{e}_{ik}\cdot\boldsymbol{e}_j+\boldsymbol{e}_i\cdot\boldsymbol{e}_{jk}=\partial_k g_{ij}$$

$$\Gamma_{ik,j}+\Gamma_{jk,i}=\partial_k g_{ij}=g_{ij,k} \tag{2.33}$$

$$\Gamma_{ji,k}+\Gamma_{ki,j}=\partial_i g_{jk}=g_{jk,i} \tag{2.34}$$

$$\Gamma_{kj,i}+\Gamma_{ij,k}=\partial_j g_{ki}=g_{ki,j} \tag{2.35}$$

由(2.33)式至(2.35)式可得

$$\Gamma_{ji,k}=\frac{1}{2}\left(\frac{\partial g_{ik}}{\partial x^j}+\frac{\partial g_{kj}}{\partial x^i}-\frac{\partial g_{ij}}{\partial x^k}\right)$$

$$=\frac{1}{2}(g_{jk,i}+g_{ki,j}-g_{ij,k}) \tag{2.36}$$

由(2.30)式可得

$$\Gamma_{ij}^{k}=\frac{1}{2}g^{km}\left(\frac{\partial g_{im}}{\partial x^j}+\frac{\partial g_{jm}}{\partial x_i}-\frac{\partial g_{ij}}{\partial x^m}\right) \tag{2.37}$$

$$\Gamma_{ij}^{k}=-\boldsymbol{e}_i\cdot\frac{\partial \boldsymbol{e}^k}{\partial x^j} \tag{2.38}$$

3. Christoffel 记号的性质

①在区域 $\Omega$ 内，$\Gamma_{ij,k}\equiv 0$（或 $\Gamma_{ij}^{k}\equiv 0$）的充要条件为

$$g_{ij}=\text{const}\ (\text{在 } \Omega \text{ 全域上}) \tag{2.39}$$

下面对性质①的“必要性”进行证明。

**证** $\qquad \Gamma_{ij,k}\equiv 0 \quad (i,j,k=1,2,3)$

可知，(2.33)式至(2.35)式三式左端全部为零。

由(2.33)式$\Rightarrow \dfrac{\partial g_{ij}}{\partial x^k}\equiv 0$；

由(2.34)式$\Rightarrow \dfrac{\partial g_{jk}}{\partial x^i}\equiv 0$；

由(2.35)式$\Rightarrow \dfrac{\partial g_{ik}}{\partial x^j}\equiv 0$；

因此，$\dfrac{\partial g_{ij}}{\partial x^k}\equiv 0$，令 $i,j$ 固定， $k=1,2,3$，有

$$\left.\begin{aligned}\frac{\partial g_{ij}}{\partial x^1}\equiv 0\\ \frac{\partial g_{ij}}{\partial x^2}\equiv 0\\ \frac{\partial g_{ij}}{\partial x^3}\equiv 0\end{aligned}\right\}\Rightarrow g_{ij}=\text{const}$$

由 $i,j$ 的任意性($i,j=1,2,3$),有

$$g_{ij}=\text{const}$$

下面对性质①的"充分性"进行证明:

**证** 设 $g_{ij}=\text{const}$,推导出 $\Gamma_{ij,k}\equiv 0$。

由于 $$g_{ij}=\text{const}\quad (i,j=1,2,3)$$

(2.36)式右端三个偏导数为 $0\Rightarrow\Gamma_{ij,k}\equiv 0$;

(2.37)式右端三个偏导数为 $0\Rightarrow\Gamma^k_{ij}\equiv 0$。

②Christoffel 性质之二:

$$\Gamma^i_{ki}=\frac{1}{\sqrt{g}}\frac{\partial\sqrt{g}}{\partial x^k}=\frac{\partial\ln\sqrt{g}}{\partial x^k}=\partial_k\ln\sqrt{g}\qquad(2.40)$$

**证** $\sqrt{g}=(\boldsymbol{e}_1\quad\boldsymbol{e}_2\quad\boldsymbol{e}_3)$

$$\begin{aligned}\partial_k\sqrt{g}&=(\partial_k\boldsymbol{e}_1\quad\boldsymbol{e}_2\quad\boldsymbol{e}_3)+(\boldsymbol{e}_1\quad\partial_k\boldsymbol{e}_2\quad\boldsymbol{e}_3)+(\boldsymbol{e}_1\quad\boldsymbol{e}_2\quad\partial_k\boldsymbol{e}_3)\\&=\Gamma^j_{k1}(\boldsymbol{e}_j\quad\boldsymbol{e}_2\quad\boldsymbol{e}_3)+\Gamma^j_{k_2}(\boldsymbol{e}_1\quad\boldsymbol{e}_j\quad\boldsymbol{e}_3)+\Gamma^j_{k_3}(\boldsymbol{e}_1\quad\boldsymbol{e}_2\quad\boldsymbol{e}_j)\\&=(\Gamma^1_{k_1}+\Gamma^2_{k_2}+\Gamma^3_{k_3})(\boldsymbol{e}_1\quad\boldsymbol{e}_2\quad\boldsymbol{e}_3)\\&=\Gamma^i_{ki}(\boldsymbol{e}_1\quad\boldsymbol{e}_2\quad\boldsymbol{e}_3)\\&=\Gamma^i_{ki}\sqrt{g}\end{aligned}$$

所以 $$\Gamma^{i}_{ki}=\frac{\partial_k \sqrt{g}}{\sqrt{g}}=\frac{1}{\sqrt{g}}\frac{\partial \sqrt{g}}{\partial x^k}=\frac{\partial \ln \sqrt{g}}{\partial x^k}=\partial_k \ln \sqrt{g}$$

③坐标变换下的 Christoffel 符号：

$\{x^1, x^2, x^3\}$旧坐标系 $\Gamma_{ij,k}$，$\Gamma^k_{ij}$，

$\{x^{1'}, x^{2'}, x^{3'}\}$新坐标系 $\Gamma_{i'j',k'}$，$\Gamma^{k'}_{i'j'}$。

讨论这两组 Christoffel 符号间的关系：

设新旧坐标分别为 $x^{i'}$ 和 $x^i$，有

$$\boldsymbol{e}_i=\frac{\partial x^{i'}}{\partial x^i}\boldsymbol{e}_{i'}=D^{i'}_i \boldsymbol{e}_{i'}$$

上式两端对 $x^k$ 求导，得

$$\boldsymbol{e}_{ik}=D^{i'}_i \frac{\partial \boldsymbol{e}_{i'}}{\partial x^{k'}}\frac{\partial x^{k'}}{\partial x^k}+\boldsymbol{e}_{i'}\frac{\partial^2 x^{i'}}{\partial x^i \partial x^k}$$

$$\boldsymbol{e}_{ik}\cdot \boldsymbol{e}_j=\left(D^{i'}_i \frac{\partial \boldsymbol{e}_{i'}}{\partial x^{k'}}\frac{\partial x^{k'}}{\partial x^k}+\boldsymbol{e}_{i'}\frac{\partial^2 x^{i'}}{\partial x^i \partial x^k}\cdot \boldsymbol{e}_{j'}D^{j'}_j\right)$$

由(2.26)式，得

$$\Gamma_{ij,k}=\boldsymbol{e}_{ij}\cdot \boldsymbol{e}_k$$

$$\Gamma_{i'j',k'}=\boldsymbol{e}_{i'j'}\cdot \boldsymbol{e}_{k'}$$

所以 $$\Gamma_{ik,j}=D^{i'}_i D^{k'}_k D^{j'}_j \Gamma_{i'k',j'}+g_{i'j'}\frac{\partial^2 x^{i'}}{\partial x^i \partial x^k}D^{j'}_j \tag{2.41}$$

(2.41)式即为 Christoffel 符号的坐标变换公式。

同理可得

$$\Gamma^k_{ij}=D^{i'}_i D^{j'}_j D^k_{k'}\Gamma^{k'}_{i'j'}-\frac{\partial^2 x^{k'}}{\partial x^i \partial x^j}D^k_{k'} \tag{2.42}$$

由(2.41)式和(2.42)式可知：Christoffel 符号不满足张量变化规律，因此它不构成张量。可是只有在坐标的线性变换这个十分特

殊的情况下，(2.41)式和(2.42)式两式中$\frac{\partial^2 x^{i'}}{\partial x^i \partial x^k}$及$\frac{\partial^2 k^{k'}}{\partial x^i \partial x^j}$均等于零，于是两种 Christoffel 符号便像张量一样变换了。

④对(2.42)式中 $i, j$ 进行指标缩并，并利用(2.40)式的结果可得

$$\partial_k \ln\sqrt{g} = \partial_{k'} \ln\sqrt{g'} A_k^{k'} - \frac{\partial^2 x^{i'}}{\partial x^i \partial x^k} \frac{\partial x^i}{\partial x^{i'}} \tag{2.43}$$

$$\Gamma_{ik}^j = A_i^{i'} A_k^{k'} A_{j'}^j \Gamma_{i'k'}^{j'} - \frac{\partial^2 x^{j'}}{\partial x^i \partial x^k} A_{j'}^j$$

$$\Gamma_{ki}^i = A_k^{k'} A_i^{i'} A_{i'}^i \Gamma_{k'i'}^{i'} - \frac{\partial^2 x^{i'}}{\partial x^k \partial x^i} A_{i'}^i = A_k^{k'} \Gamma_{k'i'}^{i'} - \frac{\partial^2 x^{i'}}{\partial x^i \partial x^k} \frac{\partial x^i}{\partial x^{i'}}$$

$$\partial_k \ln\sqrt{g} = \partial_{k'} \ln\sqrt{g'} - \frac{\partial^2 x^{i'}}{\partial x^i \partial x^k} \frac{\partial x^i}{\partial x^{i'}}$$

$g'$为在新坐标系中的度量张量行列式。

## 2.4 张量场的微分和导数

本节的目的是建立张量场的微分表达式和包含张量导数在内的表达式，以及这些表达式如何成为张量的分量。上节中已研究了由基本张量 $g_{ij}$ 形成的两个函数，**这两个函数即第一类** Christoffel **符号和第二类** Christoffel **符合** $\Gamma_{ij,k}$ **和** $\Gamma_{ij}^k$。**虽然这两个符号不是张量，但在张量场的运算中常用到它，具有重要的作用。**

下面先讨论向量场的微分。

(1)零阶张量场

零阶张量是一个数，而零阶张量场是一个函数。

函数 $\boldsymbol{U}(x^1, x^2, x^3)$是一个零阶张量场。

$$DU = dU = \frac{\partial U}{\partial x^1}dx^1 + \frac{\partial U}{\partial x^2}dx^2 + \frac{\partial U}{\partial x^3}dx^3 \qquad (2.44)$$

(2.44)式称为零阶张量场$\boldsymbol{U}$的微分。

$$\nabla_i U = \frac{\partial U}{\partial x^i} \quad (i=1,2,3) \qquad (2.45)$$

(2.45)式称为$\boldsymbol{U}$的协变导数。

$$\frac{\partial U}{\partial x^i}: \frac{\partial U}{\partial x^1}, \frac{\partial U}{\partial x^2}, \frac{\partial U}{\partial x^3} \qquad (2.46)$$

(2.46)式称为一阶协变张量场。

(2)一阶张量场——向量场

向量场$\boldsymbol{U}$可表示为

$$\boldsymbol{U} = U^k \boldsymbol{e}_k \quad \text{（曲线坐标系下为活动标架）}$$

$$d\boldsymbol{U} = dU^k \boldsymbol{e}_k + U^k d\boldsymbol{e}_k$$

$$d\boldsymbol{e}_k = \frac{\partial \boldsymbol{e}_k}{\partial x^m}dx^m = \boldsymbol{e}_{km}\, dx^m = \Gamma^n_{km} \boldsymbol{e}_n dx^m \qquad (2.47)$$

将(2.47)式代入$d\boldsymbol{U}$中，得

$$\begin{aligned} d\boldsymbol{U} &= dU^k \boldsymbol{e}_k + U^k \Gamma^n_{km} \boldsymbol{e}_n dx^m \\ &= dU^k \boldsymbol{e}_k + U^n \Gamma^k_{nm} \boldsymbol{e}_k dx^m \\ &= (dU^k + U^n \Gamma^k_{nm}\, dx^m)\boldsymbol{e}_k \end{aligned} \qquad (2.48)$$

$d\boldsymbol{U}$为一矢量，所以

$$DU^k = dU^k + \Gamma^k_{nm} U^n dx^m \qquad (2.49)$$

是$d\boldsymbol{U}$的逆变分量，也构成一阶逆变张量场，**称它为一阶逆变张量场$\{U^k\}$的协变微分或绝对微分。**

(2.49)式又可写为

$$DU^k=\left(\frac{\partial U^k}{\partial x^m}+U^n\Gamma^k_{nm}\right)dx^m \tag{2.50}$$

$$\nabla_m U^k \overset{\text{def}}{=\!=\!=} \frac{\partial U^k}{\partial x^m}+U^n\Gamma^k_{nm} \tag{2.51}$$

$DU^k$ 为一阶逆变张量场，而 $dx^m$ 也是任意的一阶逆变张量，根据张量的商法则可知

$$\frac{\partial U^k}{\partial x^m}+U^n\Gamma^k_{nm}$$

为一张量，称它为$\{U^k\}$的协变导数，定义为$\nabla_m U^k$。

同理，可以定义 $U_1, U_2, U_3$ 协变张量的协变导数。

$$U_k=\boldsymbol{U}\cdot\boldsymbol{e}_k \quad (\{U_i\}\text{——一阶协变张量场})$$

$$dU_k=d\boldsymbol{U}\cdot\boldsymbol{e}_k+\boldsymbol{U}\cdot d\boldsymbol{e}_k$$

$$d\boldsymbol{U}\cdot\boldsymbol{e}_k=dU_k-\boldsymbol{U}\cdot\Gamma^n_{km}\boldsymbol{e}_n\cdot dx^m=dU_k-\Gamma^n_{km}U_n dx^m$$

$$DU_k \overset{\text{def}}{=\!=\!=} dU_k-\Gamma^n_{km}U_n dx^m=\left(\frac{\partial U_k}{\partial U^m}-\Gamma^n_{km}U_n\right)dx^m \tag{2.52}$$

$DU_k$ 称为一阶协变张量 $U_k$ 的协变微分或绝对微分。

$$\nabla_m U_k \overset{\text{def}}{=\!=\!=} \frac{\partial U_k}{\partial x^m}-U_n\Gamma^n_{km} \quad (m,k=1,2,3) \tag{2.53}$$

由(2.52)式可知：

$DU_k$ 为一阶协变张量，$d\boldsymbol{x}^m$ 为任意的一阶逆变张量，根据张量的商法则，可知：

$$\frac{\partial U_k}{\partial x^m}-U_n\Gamma^n_{km}$$

为二阶协变张量，称它为一阶逆变张量场$\{U^k\}$的协变导数，定义为$\nabla_m U_k$。

(3)二阶及任意张量场

二阶张量场

$$\begin{aligned}DU_{ij} &= dU_{ij} - \{\Gamma^P_{im} U_{Pj} + \Gamma^P_{jm} U_{iP}\} dx^m \\ &= \left\{\frac{\partial U_{ij}}{\partial x^m} - (\Gamma^P_{im} U_{Pj} + \Gamma^P_{jm} U_{iP})\right\} dx^m \end{aligned} \tag{2.54}$$

**$DU_{ij}$为二阶协变张量$\{U_{ij}\}$的协变微分。**

$$\nabla_m U_{ij} \overset{\text{def}}{=\!=} \frac{\partial U_{ij}}{\partial x^m} - (\Gamma^P_{im} U_{Pj} + \Gamma^P_{jm} U_{iP}) \tag{2.55}$$

**$\nabla_m U_{ij}$称为二阶协变张量$\{U_{ij}\}$的协变导数**，同理，根据张量的商法则，可知$\nabla_m U_{ij}$一定是一个三阶的协变张量。

二阶混合张量场

$$DU^i_j = dU^i_j + (\Gamma^i_{Pm} U^P_j - \Gamma^P_{jm} U^i_P) dx^m \tag{2.56}$$

$DU^i_j$称为二阶混合张量场$\{U^i_j\}$的协变微分。

$$DU^i_j = \left\{\frac{\partial U^i_j}{\partial x^m} + [\Gamma^i_{Pm} U^P_j - \Gamma^P_{jm} U^i_P]\right\} dx^m \tag{2.57}$$

$$\nabla_m U^i_j \overset{\text{def}}{=\!=} \frac{\partial U^i_j}{\partial x^m} + (\Gamma^i_{Pm} U^P_j - \Gamma^P_{jm} U^i_P) \tag{2.58}$$

$\nabla_m U^i_j$称为混合张量场$\{U^i_j\}$的协变导数。

(4)四阶张量场

同理，可以推求任一张量$\{U^{ij}_{rs}\}$的绝对微分公式：

$$DU_{rs}^{ij}=dU_{rs}^{ij}+\{\Gamma_{kP}^{i}U_{rs}^{Pi}+\Gamma_{kP}^{j}U_{rs}^{ij}-\Gamma_{kr}^{P}U_{Ps}^{ij}-\Gamma_{ks}^{P}U_{rP}^{ij}\}dx^{k} \tag{2.59}$$

$$\nabla_{k}U_{rs}^{ij}=\frac{\partial U_{rs}^{ij}}{\partial x^{m}}+\Gamma_{kP}^{i}U_{rs}^{Pj}+\Gamma_{kP}^{j}U_{rs}^{iP}-\Gamma_{kr}^{P}U_{Ps}^{ij}-\Gamma_{ks}^{P}U_{rP}^{ij} \tag{2.60}$$

$\nabla_{k}U_{rs}^{ij}$ 称为四阶混合张量场$\{U_{rs}^{ij}\}$的协变导数。

$$DU_{rs}^{ij}=\nabla_{k}U_{rs}^{ij}\,dx^{k}$$

所以，张量的绝对微分也是张量。

利用 Christoffel 记号在坐标变换时的变化规律，可以证明，$DU_{r's'}^{i'j'}$在坐标变换时，仍满足张量变换规律，即

$$DU_{r's'}^{i'j'}=\frac{\partial x^{i'}}{\partial x^{i}}\frac{\partial x^{j'}}{\partial x^{j}}\frac{\partial x^{r}}{\partial x^{r'}}\frac{\partial x^{s}}{\partial x^{s'}}DU_{rs}^{ij} \tag{2.61}$$

而$\{U_{rs}^{ij}\}$的协变导数$\nabla_{k}U_{rs}^{ij}$也仍然构成一个张量，只是增加了一个协变指标 $k$，它在坐标变换下的变换规律为

$$\nabla_{k'}U_{r's'}^{i'j'}=\frac{\partial x^{i'}}{\partial x^{i}}\frac{\partial x^{j'}}{\partial x^{j}}\frac{\partial x^{r}}{\partial x^{r'}}\frac{\partial x^{s}}{\partial x^{s'}}\cdot\nabla_{k}U_{rs}^{ij}\frac{\partial x^{k}}{\partial x^{k'}} \tag{2.62}$$

为了应用张量绝对微分法进行计算，须建立张量绝对微分运算与张量的各种代数运算（张量和、张量之积、缩并等）相结合的法则。这些法则，与通常意义上的微分法则相类似。

①求导法则：

$$D(a_{i}+b_{j})=Da_{i}+Db_{j} \tag{2.63}$$

$$D(a_{i}b_{j})=(Da_{i})b_{j}+a_{i}Db_{j} \tag{2.64}$$

下面证明(2.64)式成立。

**证**　$D(a_{i}b_{j})=d(a_{i}b_{j})-\{\Gamma_{im}^{P}a_{P}b_{j}+\Gamma_{jm}^{P}a_{i}b_{P}\}dx^{m}$

$$= (\mathrm{d}a_i)b_j + a_i(\mathrm{d}b_j) - b_j \Gamma_{im}^P a_P \mathrm{d}x^m - a_j \Gamma_{jm}^P b_P \mathrm{d}x^m$$

$$= (\mathrm{D}a_i)b_j + a_i \mathrm{D}b_j$$

一般情况下：

$$A_{j_1 j_2}^{i_1 i_2} = B_{j_1 j_2}^{i_1 i_2} + C_{j_1 j_2}^{i_1 i_2}$$

$$\mathrm{D}A_{j_1 j_2}^{i_1 i_2} = \mathrm{D}B_{j_1 j_2}^{i_1 i_2} + \mathrm{D}C_{j_1 j_2}^{i_1 i_2}$$

$$A_{r_1 r_2 s_1 s_2}^{i_1 i_2 i_3 i_4} = B_{r_1 r_2}^{i_1 i_2} \times C_{s_1 s_2}^{j_1 j_2}$$

$$\mathrm{D}A_{r_1 r_2 s_1 s_2}^{i_1 i_2 i_3 i_4} = \mathrm{D}B_{r_1 r_2}^{i_1 i_2} C_{s_1 s_2}^{j_1 j_2} + B_{r_1 r_2}^{i_3 i_4} \mathrm{D}C_{s_1 s_2}^{j_1 j_2} \qquad (2.65)$$

②缩并运算与求导之间的关系：

$$\mathrm{D}(a_{ij} b^j) = (\mathrm{D}a_{ij})b^j + a_{ij} \mathrm{D}b^j$$

缩并和绝对微分的次序可以对调，即先进行指标缩并，后绝对微分等于先绝对微分后进行指标缩并。

## 2.5  度量张量的绝对微分

度量张量的协变导数恒等于零，其绝对微分也恒等于零。

$$\boldsymbol{\nabla}_k g_{ij} \equiv 0 \Rightarrow \mathrm{D}g_{ij} \equiv 0$$

由(2.55)式可得

$$\boldsymbol{\nabla}_k g_{ij} = \frac{\partial g_{ij}}{\partial x^k} - \Gamma_{ki}^P g_{Pj} - \Gamma_{kj}^P g_{iP} \qquad (2.66)$$

由(2.27)式($\Gamma_{ij}^k = \boldsymbol{e}_{ij} \cdot \boldsymbol{e}^k$)，可得

$$\Gamma_{ki}^P g_{Pj} = \boldsymbol{e}_{ki} \cdot \boldsymbol{e}^P g_{Pj} = \boldsymbol{e}_{ki} \cdot \boldsymbol{e}_j = \Gamma_{ki,j}$$

$$\Gamma^{P}_{kj} g_{iP} = \boldsymbol{e}_{kj} \boldsymbol{e}^{P} g_{iP} = \boldsymbol{e}_{kj} \boldsymbol{e}_{i} = \Gamma_{kj,i}$$

而 $\Gamma_{ki,j} + \Gamma_{kj,i} = \dfrac{\partial g_{ij}}{\partial x^{k}}$，代回(2.66)式中，得

$$\nabla_k g_{ij} \equiv 0 \tag{2.67}$$

$$\mathrm{D} g_{ij} = \nabla_k g_{ij} \, \mathrm{d}x^{k} \equiv 0 \tag{2.68}$$

单位张量场 $\delta^{j}_{i}$，它在任何坐标系中，均满足

$$\delta^{j}_{i} = \begin{cases} 1, & i = j \\ 0, & i \neq j \end{cases}$$

所以

$$\nabla_k \delta^{j}_{i} = 0 \tag{2.69}$$

$$\mathrm{D} \delta^{j}_{i} = 0 \tag{2.70}$$

下面证明上述两式。

**证**　由(2.58)式可得

$$\nabla_k \delta^{j}_{i} = \frac{\partial \delta^{j}_{i}}{\partial x^{k}} + \Gamma^{j}_{kP} \delta^{P}_{i} - \Gamma^{P}_{ki} \delta^{j}_{P}$$

$$= 0 + \Gamma^{j}_{ki} - \Gamma^{j}_{ki} \equiv 0$$

因而

$$\mathrm{D} \delta^{j}_{i} \equiv 0$$

度量张量的逆变分量的绝对微分表示如下：

$$\nabla_k (g^{ij}) \equiv 0 \tag{2.71}$$

$$\mathrm{D}(g^{ij}) \equiv 0 \tag{2.72}$$

$$g^{i\beta} g_{\beta j} = \delta^{i}_{j}$$

根据张量积的绝对微分，可得

$$\nabla_k g^{i\beta} g_{\beta j} + g^{i\beta} \nabla_k g_{\beta j} = \nabla_k \delta^i_j \tag{2.73}$$

由于$\nabla_k g_{ij}=0$,因此有 $g^{i\beta}\nabla_k g_{\beta j}=0$。

又由于$\nabla_k \delta_j=0$,因此(2.73)式中有

$$\nabla_k g^{ij} g_{\beta j} = 0 \tag{2.74}$$

(2.74)式为一线性齐次方程组,因为

$$\det|[g_{\beta j}]| \neq 0$$

所以有 $\nabla_k g^{i\beta}=0$, $g^{i\beta}=\text{const}$

即 $\nabla_k g^{ij}=0$, $D_k g^{ij}=0$

度量张量的绝对微分(协变微分)及协变导数等于零。这样,对任一张量,当指标上升或下降时,度量张量与协变导数运算符的次序是可以交换的,即

$$\nabla_k (g_{i\beta} U^{\beta j}) = (\nabla_k g_{i\beta}) U^{\beta j} + g_{i\beta} \nabla_k U^{\beta j} = g_{i\beta} \nabla_k U^{\beta j} \tag{2.75}$$

或 $$\nabla_k (g^{i\beta} U_{\beta j}) = g^{i\beta} \nabla_k U_{\beta j} \tag{2.76}$$

(2.75)式和(2.76)式的结果,给张量的绝对微分运算带来很大的方便。

## 2.6 Eddington 张量场

下面证明:

$$\nabla_m \varepsilon_{ijk} = 0$$

$$\nabla_m \varepsilon^{ijk} = 0$$

**证**

$$\nabla_m \varepsilon_{ijk} = \partial_m \varepsilon_{ijk} - \Gamma^P_{mi} \varepsilon_{Pjk} - \Gamma^P_{mj} \varepsilon_{iPk} - \Gamma^P_{mk} \varepsilon_{ijP} \tag{2.77}$$

$$\varepsilon_{ijk}=\sqrt{g}e_{ijk} \tag{1.113}$$

$$e_{ijk}=\begin{cases}1, & i,j,k\text{ 偶排列}\\ -1, & i,j,k\text{ 奇排列}\\ 0, & \text{其它情形}\end{cases} \tag{1.114}$$

$$\begin{aligned}\nabla_m\varepsilon_{ijk}&=\frac{\partial\varepsilon_{ijk}}{\partial x^m}-(\Gamma^i_{mi}+\Gamma^j_{mj}+\Gamma^k_{mk})\varepsilon_{ijk}\\&=e_{ijk}\left[\frac{\partial\sqrt{g}}{\partial x^m}-(\Gamma^i_{mi}+\Gamma^i_{mj}+\Gamma^k_{mk})\sqrt{g}\right]\\&\quad(i\neq j\neq k)\\&=e_{ijk}\left(\frac{\partial\ln\sqrt{g}}{\partial x^m}-\Gamma^P_{mP}\right)\sqrt{g}=0\end{aligned} \tag{2.78}$$

由于
$$\varepsilon^{ijk}=g^{im}g^{iP}g^{kq}\varepsilon_{mPq} \tag{2.79}$$

$$\nabla_s\varepsilon^{ijk}=g^{im}g^{iP}g^{kq}\nabla_s\varepsilon_{mpq}=0 \tag{2.80}$$

## 2.7 Riemann-Christoffel 张量(曲率张量)及 Riemann 空间

任何张量的绝对微商仍然是张量。在满足连续性条件下,一般偏微商的次序是可以交换的,那么,协变导数的次序是否可以交换呢?下面将研究协变微分的交换性问题,并在讨论中,引出 Riemann 张量。

和度量张量同样重要的是 Riemann 张量。

我们以向量场为例进行讨论。

$$\mathbf{A}=A_i\boldsymbol{e}^i$$

$\{A_i\}$为三个函数组成的协变张量场,它的协变导数$\{\nabla_jA_i\}$也是一个张量(二阶协变张量),所以可以对它再求协变导数而得二阶的协变导数:

$$\nabla_k \nabla_j A_i \text{——三阶协变张量}$$

但我们也可以变换求导次序而得到另一个二阶协变导数：

$$\nabla_j \nabla_k A_i \text{——三阶协变张量}$$

下面我们讨论：$\nabla_k \nabla_j A_i$ 和$\nabla_j \nabla_k A_i$ 是否相等？并引出 Riemann 张量。

任一协变张量 $A_i$ 的协变导数为

$$a_{ji} \xlongequal{\text{记作}} \nabla_j a_i = \frac{\partial A_i}{\partial x^j} - \Gamma^{\alpha}_{ji} A_{\alpha} \tag{2.81}$$

$$\nabla_k a_{ji} = \frac{\partial a_{ji}}{\partial x^k} - \Gamma^{\beta}_{kj} a_{\beta i} - \Gamma^{\gamma}_{ki} a_{j\gamma}$$

$$\nabla_k \nabla_j A_i = \frac{\partial}{\partial x^k}\left(\frac{\partial A_i}{\partial x^j} - \Gamma^{a}_{ji} A_{\alpha}\right) - \Gamma^{\beta}_{kj}\left(\frac{\partial A_{\beta}}{\partial x^{\beta}} - \Gamma^{\alpha}_{\beta i} A_{\alpha}\right) - \Gamma^{\gamma}_{ki}\left(\frac{\partial A_{\gamma}}{\partial x^j} - \Gamma^{\alpha}_{j\gamma} A_{\alpha}\right)$$

$$= \frac{\partial^2 A_i}{\partial x^k \partial x^j} - \left(\frac{\partial}{\partial x^k}\Gamma^{\alpha}_{ji}\right) A_{\alpha} - \Gamma^{\alpha}_{ji}\frac{\partial A_{\alpha}}{\partial x^k} - \Gamma^{\beta}_{kj}\frac{\partial A_i}{\partial x^{\beta}} + \Gamma^{\beta}_{kj}\Gamma^{\alpha}_{\beta i} A_{\alpha} - \Gamma^{\gamma}_{ki}\frac{\partial A_{\gamma}}{\partial x^j} + \Gamma^{\gamma}_{ki}\Gamma^{\alpha}_{j\gamma} A_{\alpha} \tag{2.82}$$

同理可得

$$\nabla_j \nabla_k A_i = \frac{\partial^2 A_i}{\partial x^j \partial x^k} - \left(\frac{\partial}{\partial x^j}\Gamma^{\alpha}_{ki} A_{\alpha}\right) - \Gamma^{\alpha}_{ki}\frac{\partial A_{\alpha}}{\partial x^j} - \Gamma^{\beta}_{jk}\frac{\partial A_j}{\partial x^{\beta}} + \Gamma^{\beta}_{jk}\Gamma^{\alpha}_{\beta i} A_{\alpha} - \Gamma^{\gamma}_{ji}\frac{\partial A_{\gamma}}{\partial x^k} + \Gamma^{\gamma}_{ji}\Gamma^{\alpha}_{\gamma} A_{\alpha} \tag{2.83}$$

(2.82)式减(2.83)式两式相减得

$$\nabla_k \nabla_j A_i - \nabla_j \nabla_k A_i = \left(\frac{\partial}{\partial x^j}\Gamma^{\alpha}_{ki}\right)A_{\alpha} - \left(\frac{\partial}{\partial x^k}\Gamma^{\alpha}_{ji}\right)A_{\alpha} + \Gamma^{\gamma}_{ki}\Gamma^{\alpha}_{j\gamma}A_{\alpha} - \Gamma^{\gamma}_{ji}\Gamma^{\alpha}_{k\gamma}A_{\alpha}$$

改写上式中哑标后可得

$$\nabla_k \nabla_j A_i - \nabla_j \nabla_k A_i = \left(\frac{\partial}{\partial x^j}\Gamma^{\alpha}_{ik} - \frac{\partial}{\partial x^k}\Gamma^{\alpha}_{ij} + \Gamma^{\beta}_{ik}\Gamma^{\alpha}_{\beta j} - \Gamma^{\beta}_{ij}\Gamma^{\alpha}_{\beta k}\right)A_{\alpha} \tag{2.84}$$

令
$$R^{\alpha}{}_{\cdot ijk} \overset{\text{def}}{=\!=} \frac{\partial}{\partial x^j}\Gamma^{\alpha}_{ik} - \frac{\partial}{\partial x^k}\Gamma^{\alpha}_{ij} + \Gamma^{\beta}_{ik}\Gamma^{\alpha}_{\beta j} - \Gamma^{\beta}_{ij}\Gamma^{\alpha}_{\beta k}$$
$$= \begin{vmatrix} \dfrac{\partial}{\partial x^j} & \dfrac{\partial}{\partial x^k} \\ \Gamma^{\beta}_{ik} & \Gamma^{\beta}_{ij} \end{vmatrix} + \begin{vmatrix} \Gamma^{\alpha}_{ik} & \Gamma^{\alpha}_{\beta j} \\ -\Gamma^{\alpha}_{ij} & -\Gamma^{\alpha}_{\beta k} \end{vmatrix} \tag{2.85}$$

所以
$$\nabla_k \nabla_j A_i - \nabla_j \nabla_k A_i = R^{\alpha}{}_{\cdot ijk} A_{\alpha} \tag{2.86}$$

由(2.86)式可知:左端为三阶协变张量,而$\{A_{\alpha}\}$为一阶协变张量。因此,根据张量的商法则可知,$R^{l}{}_{\cdot ijk}$为三阶协变、一阶逆变的四阶混合张量,通常称为曲率张量,也称为第二类 Riemann 张量或 Riemann-Chrietoffel 张量。

**结论**:从(2.86)式我们看到 $R^{l}$ 是个四阶张量,并具有如下性质:

①它完全是由基本张量 $g_{ij}$ 及其一、二阶导数所构成。这个张量不依赖于向量 $A_i$ 的选取。

②所有向量的协变导数可交换的必要和充分条件是:Riemann-christoffel 张量恒等于零。

即:当 $R^{\alpha}_{ijk} \equiv 0$ 时,可以交换求导次序。

例如:

在 $\mathbf{E}_3$ 的 Descartes 坐标系中

$$g_{ij}=\delta_{ij}$$

$$\Gamma^{k}_{ij}\equiv 0$$

$$R^{\alpha}_{ijk}\equiv 0$$

$$\nabla_k \nabla_j A_i=\nabla_j \nabla_k A_i$$

**而在活动曲线坐标系中，张量导数求导次序不能交换。**

**1. 第一类Riemann 张量(协变曲率张量)**

将 $R^{l}_{ijk}$ 的第一个指标和度量张量 $g_{l\alpha}$ 进行缩并后，得到一个四阶协变张量，即

$$R_{lijk}=g_{l\alpha}R^{\alpha}_{ijk} \tag{2.87}$$

由此称 $R_{lijk}$ 为第一类 Riemann 张量。

第二类 Riemann 张量 $R^{\alpha}_{\cdot ijk}$ 是从张量的求导次序的讨论中得到的，类似地，第一类 Riemann 张量也可用这种方法得到。

利用 Christoffel 符号的性质，也可将 $R_{lijk}$ 这个 Riemann 张量写成以下算符的形式：

$$R_{lijk}=\begin{bmatrix}\dfrac{\partial}{\partial x^j} & \dfrac{\partial}{\partial x^k}\\ \Gamma_{ij,l} & \Gamma_{ik,l}\end{bmatrix}+\begin{bmatrix}\Gamma^{\alpha}_{ij} & \Gamma^{\alpha}_{ik}\\ \Gamma_{li,\alpha} & \Gamma_{lk,\alpha}\end{bmatrix} \tag{2.88}$$

类同于(2.86)式，有

$$\nabla_l \nabla_k W^{r}_{st}-\nabla_k \nabla_l W^{r}_{st}=-R^{r}_{Pkl}W^{P}_{st}+R^{P}_{skl}W^{r}_{Pt}+R^{P}_{tkl}W^{r}_{sP} \tag{2.89}$$

还可证明：

$$R_{ijkl}=\frac{1}{2}\left(\frac{\partial^2 g_{il}}{\partial x^j\partial x^k}-\frac{\partial^2 g_{jl}}{\partial x^i\partial x^k}-\frac{\partial^2 g_{ik}}{\partial x^j\partial x^l}-\frac{\partial^2 g_{jk}}{\partial x^i\partial x^l}\right)+$$

$$g^{\alpha\beta}(\Gamma_{jk,\beta}\Gamma_{il,\alpha}-\Gamma_{jl,\beta}\Gamma_{ik,\alpha}) \tag{2.90}$$

因而

$$\left.\begin{aligned}R_{jikl}&=-R_{ijkl}\\R_{ijlk}&=-R_{ijkl}\\R_{klij}&=R_{ijkl}\\R_{ijkl}+R_{iklj}+R_{iljk}&=0\end{aligned}\right\} \tag{2.91}$$

(2.91)式中的最后一式也可写为

$$R^i_{jkl}+R^i_{klj}+R^i_{ljk}=0 \tag{2.92}$$

可以证明：在 $n$ 维空间里，$R_{ijkl}$ 一般具有 $\frac{n^2}{12}(n^2-1)$ 个不同的、数值不为零的分量。

## 2. Ricci 张量

将曲率张量 $R^l_{\cdot ijk}$ 中指标 $l$ 和 $k$ 缩并后，得到一个二阶张量，即

$$R_{ij}=R_{ji}=R^k_{ijk} \tag{2.93}$$

该张量称为 Ricci 张量。

可以证明：Ricci 张量还可以表示为混合张量。

$$R^i_j=\partial_i\partial_j\ln\sqrt{g}-\partial_P\Gamma^P_{ij}-\Gamma^P_{ij}\partial_P\ln\sqrt{g}+\Gamma^q_{iP}\Gamma^P_{jq} \tag{2.94}$$

由(2.94)式可以看出：$R_{ij}$ 是对称的。

$$R^i_j=g^{ik}R_{kj} \tag{2.95}$$

如将 Ricci 张量的上下指标缩并，得到一个曲率不变量，即

$$R = R^i_i = g^{ik} R_{ki} = g^{ik} R^m_{\cdot\, ikm} \tag{2.96}$$

3. Einstein 张量

在相对论中，引进了以下的一个二阶张量，称为 Einstein 张量：

$$G_{ij} = R_{ij} - \frac{1}{2} R g_{ij} \tag{2.97}$$

$$\nabla_i (g^{ik} G_{kj}) = 0 \quad (j = 1, 2, \cdots, n)$$

可见，该张量的散度为零。

4. Riemann 空间

Riemann 张量在几何及力学方面，具有非常重要的意义。在以后的讨论中将会看到。

①Riemann 空间。如果由一个曲线坐标系所覆盖着的一个 $n$ 维空间 $V_n$，其任一弧元 d$s$ 由正定二次型

$$\mathrm{d}s^2 = g_{ij} \mathrm{d}x^i \mathrm{d}x^j \tag{2.98}$$

所确定，并假定 $g_{ij} \in \mathbf{C}^1$，那么 $g_{ij}$ 称为度量张量，$V_n$ 称为 Riemann 空间。

②Euclid 空间。当对称张量 $g_{ij}$（$|g_{ij}| \neq 0$）在坐标变换下，使 $g_{i'j'}$ 仍保持为 const，其充要条件是 Riemann 张量为零张量。

如果在几何上，存在一个变换：

$$y^i = y^i (x^1, x^2, \cdots, x^n) \quad (i = 1, 2, \cdots, n)$$

$y^i \in \mathbf{C}^2$，并使在新坐标系 $y^i$ 中，度量张量

$$g_{i'j'} = g_{ij} \frac{\partial x^i}{\partial y^{i'}} \frac{\partial x^j}{\partial y^{j'}}$$

在整个域内为 const。

我们知道，正定二次型 $\mathbf{g}_{i'j'}$ 总是可以通过线性变换化为对角线

型，这时，在新坐标系$\{y^i\}$中的弧元为

$$ds^2=(dy^1)^2+(dy^2)^2+\cdots+(dy^n)^2 \qquad (2.99)$$

能够通过坐标变换使正定二次型(2.98)式化为(2.99)式，这样的 $n$ 维空间($V_n$)称为 Euclid 空间。

## 2.8　梯度、散度、旋度和Laplace 算子

我们将向量分析中常用到的四种微分算子，推广到张量场中，在实践中有广泛的用处。

### 1. 梯度

在一般的 Descartes 坐标系中，任一数量场 $\varphi(x,y)$ 的梯度定义为

$$\nabla\varphi=\varphi_x \boldsymbol{j}+\varphi_y \boldsymbol{j}+\varphi_z \boldsymbol{k}$$

在任何曲线坐标系中，任一数量场 $\varphi$，它的协变导数 $\varphi(x^1,x^2,x^3)$为零阶张量场，因此有

$$\nabla_i\varphi=\frac{\partial\varphi}{\partial x^i} \qquad (2.100)$$

构成一个一阶协变张量场，因而

$$\nabla^i\varphi \overset{\text{def}}{=\!=\!=} g^{ij}\nabla_j\varphi \qquad (2.101)$$

即构成一个一阶逆变张量场。

那么 $\varphi$ 的梯度为

$$\mathbf{grad}\varphi=\nabla^i\varphi\boldsymbol{e}_i=g^{ij}\nabla_j\varphi\boldsymbol{e}_i \qquad (2.102)$$

所以，$\varphi$ 的梯度是以$\nabla^i\varphi$ 作为一阶逆变张量的新向量，此向量定义为 $\mathbf{grad}\varphi$。

### 2. 散度

$\mathbf{E}_3$ 空间中给定一个向量场 $\mathbf{A}$，其逆变分量为

$$\boldsymbol{A}=a^i\boldsymbol{e}_i$$

逆变分量 $a^i$ 的协变导数为

$$\nabla_i a^j=\frac{\partial a^j}{\partial x^i}+\Gamma^j_{ik}a^k \tag{2.103}$$

这是一个张量，对它进行缩并，由(2.40)式可知

$$\Gamma^i_{ik}=\frac{\partial \ln\sqrt{g}}{\partial x^k}$$

$$\nabla_i a^i=\frac{\partial a^i}{\partial x^i}+\frac{\partial \ln\sqrt{g}}{\partial x^k}a^k \tag{2.104}$$

而 $$\mathrm{div}\boldsymbol{A}\xlongequal{\text{def}}\nabla_i a^i=\frac{\partial a^i}{\partial x^i}+\frac{\partial \ln\sqrt{g}}{\partial x^k}a^k=\frac{1}{\sqrt{g}}\frac{\partial}{\partial x^i}(\sqrt{g}a^i) \tag{2.105}$$

在曲线坐标系中，一个向量 **A** 的散度 div**A**，是它的逆变分量的协变导数经过指标缩并后得到的不变量 $\nabla_i a^i$。

正交曲线坐标下的 div**A** 计算如下：

这时

$$g=\begin{vmatrix} g_{11} & & 0 \\ & g_{22} & \\ 0 & & g_{33} \end{vmatrix}$$

$$\mathrm{div}\boldsymbol{A}=\nabla_i a^i=\frac{1}{\sqrt{g}}\frac{\partial\sqrt{g}\,a^i}{\partial x^i}\qquad(i=1,2,3)$$

$$=\frac{1}{\sqrt{g_{11}g_{22}g_{33}}}\left(\frac{\partial\sqrt{g_{11}g_{22}g_{33}}\,a^1}{\partial x^1}+\frac{\partial\sqrt{g_{11}g_{22}g_{33}}\,a^2}{\partial x^2}+\frac{\partial\sqrt{g_{11}g_{22}g_{33}}\,a^3}{\partial x^3}\right) \tag{2.106}$$

在 Descartes 坐标系中

$$g_{ij}=\delta_{ij}=\begin{cases}1, & i=j\\ 0, & i\neq j\end{cases}$$

所以 $$\Gamma^{j}_{ik}\equiv 0$$

因此 $$\mathrm{div}\boldsymbol{A}=\nabla_i a^i=\frac{\partial a^i}{\partial x^i}\qquad (i=1,2,3)$$

$$=\frac{\partial a^1}{\partial x^1}+\frac{\partial a^2}{\partial x^2}+\frac{\partial a^3}{\partial x^3}\tag{2.107}$$

在圆柱坐标系中

$$g=\begin{vmatrix}1 & 0 & 0\\ 0 & (x^1)^2 & 0\\ 0 & 0 & 1\end{vmatrix}=(x^1)^2$$

而 $x^1=r, x^2=\theta, x^3=z$,因此

$$\mathrm{div}\boldsymbol{A}=\frac{1}{r}\frac{\partial}{\partial r}(ra_r)+\frac{1}{r}\frac{\partial}{\partial\theta}a_\theta+\frac{\partial}{\partial z}a_z$$

引进新坐标的三个量为

$$a_r=\sqrt{g_{11}}a^1$$

$$a_\theta=\sqrt{g_{22}}a^2$$

$$a_z=\sqrt{g_{33}}a^3$$

则得

$$\mathrm{div}\boldsymbol{A}=\frac{1}{x^1}\frac{\partial(x^1a_r)}{\partial x^1}+\frac{1}{x^2}\frac{\partial a_\theta}{\partial x^2}+\frac{\partial a_z}{\partial x^3}$$

即 $$\mathrm{div}\boldsymbol{A}=\frac{1}{r}\frac{\partial(ra_r)}{\partial r}+\frac{1}{r}\frac{\partial a_\theta}{\partial\theta}+\frac{\partial a_z}{\partial z}\tag{2.108}$$

在球坐标系中

$$g=\begin{vmatrix}1 & 0 & 0\\ 0 & (x^1)^2 & 0\\ 0 & 0 & (x^1\sin x^2)^2\end{vmatrix}$$

$$\mathrm{div}\boldsymbol{A}=\frac{\partial}{(x^1)^2\sin x^2}\left\{\frac{\partial}{\partial x^1}[(x^1)^2\sin x^2 a^1]+\frac{\partial}{\partial x^2}[(x^1)^2\sin x^2 a^2]+\right.$$
$$\left.\frac{\partial}{\partial x^3}[(x^1)^2\sin x^2 a^3]\right\} \tag{2.109}$$

引进坐标变换：

$$a_r=\sqrt{g_{22}}a^1$$
$$a_\theta=\sqrt{g_{22}}a^2$$
$$a_\varphi=\sqrt{g_{22}}a^3$$

则得

$$\mathrm{div}\boldsymbol{A}=\frac{1}{r^2}\frac{\partial}{\partial r}(r^2a_r)+\frac{1}{r}+\frac{1}{r\sin\theta}\frac{\partial}{\partial\varphi}a_\varphi \tag{2.110}$$

**3. 旋度**

在 $\mathbf{E}_3$ 空间中，给定一个向量场 $\mathbf{A}$，有

$$\mathbf{A}=a^i\boldsymbol{e}_i=a_i\boldsymbol{e}^i$$

其协变导数为

$$\boldsymbol{\nabla}_i a_j=\frac{\partial a_j}{\partial x^i}-p^k_{ij}a_k \tag{2.111}$$

则

$$\boldsymbol{\nabla}_j a_i=\frac{\partial a_i}{\partial x^j\Gamma^k_{ji}a_k} \tag{2.112}$$

为二阶协变张量，所以

$$\boldsymbol{\nabla}_i a_j-\boldsymbol{\nabla}_j a_i$$

为一反对称二阶协变张量。在三维空间中，二阶反对张量的独立分

量只有三个，可以组成一个向量$\boldsymbol{\xi}$，它的逆变分量为

$$\frac{1}{2}\varepsilon^{ijk}(\nabla_i a_j - \nabla_j a_i) \xlongequal{\text{记作}} \xi^i \tag{2.113}$$

$$\boldsymbol{\xi} = \xi^i \boldsymbol{e}_i$$

$\boldsymbol{\xi}$ 就定义为向量 $\boldsymbol{A}$ 的旋度：

$$\mathbf{rot}\boldsymbol{A} = \boldsymbol{\xi} = \frac{1}{2}\varepsilon^{ijk}(\nabla_j a_k - \nabla_k a_j)\boldsymbol{e}_i \tag{2.114}$$

$$e^{ijk} = \frac{1}{\sqrt{g}}\varepsilon^{ijk}$$

显然，由(2.111)式可知

$$\left.\begin{aligned} \xi^1 &= \frac{1}{\sqrt{g}}\left(\frac{\partial a_3}{\partial x^2} - \frac{\partial a_2}{\partial x^3}\right) \\ \xi^2 &= \frac{1}{\sqrt{g}}\left(\frac{\partial a_2}{\partial x^3} - \frac{\partial a_3}{\partial x^1}\right) \\ \xi^3 &= \frac{1}{\sqrt{g}}\left(\frac{\partial a_2}{\partial x^1} - \frac{\partial a_1}{\partial x^2}\right) \end{aligned}\right\} \in \mathbf{E}_3 \tag{2.115}$$

$$\xi^i = \frac{1}{\sqrt{g}}\left(\frac{\partial a_k}{\partial x^j} - \frac{\partial a_j}{\partial x^k}\right) \tag{2.116}$$

式中，$i,j,k$ 按 1,2,3 轮换。

在 Descartes 坐标系中，旋度可定义为

$$\mathbf{rot}\boldsymbol{A} = \left(\frac{\partial a_z}{\partial y} - \frac{\partial a_y}{\partial z}\right)\boldsymbol{i} + \left(\frac{\partial a_x}{\partial z}\frac{\partial a_x}{\partial x}\right)\boldsymbol{j} + \left(\frac{\partial a_y}{\partial x} - \frac{\partial a_x}{\partial y}\right)\boldsymbol{k} \tag{2.117}$$

即 
$$\mathbf{rot}\boldsymbol{A} = \nabla \times \boldsymbol{A} = \begin{vmatrix} \boldsymbol{i} & \boldsymbol{j} & \boldsymbol{k} \\ \dfrac{\partial}{\partial x} & \dfrac{\partial}{\partial y} & \dfrac{\partial}{\partial z} \\ a_x & a_y & a_z \end{vmatrix}$$

$\mathbf{rot\ grad}\boldsymbol{\varphi} \equiv 0$，梯度场没有旋度。

$\mathrm{div}\ \mathbf{rot}\boldsymbol{A} \equiv 0$。

当一个矢量场 $\boldsymbol{W}=\mathbf{rot}\boldsymbol{v}$，这个矢量场称为管量场（Solenoidel Field），$\boldsymbol{v}$ 叫做场 $\boldsymbol{W}$ 的矢量势（Vector Patential）。可知一个管量场没有散度。

**4. Laplace 算子**

可用几种方法来定义 Laplace 算子，例如，可将它定义为梯度的散度，即

$$\nabla^2\varphi=\Delta\varphi\overset{\text{def}}{=\!=\!=}\text{div}(\mathbf{grad}\varphi) \tag{2.118}$$

数量场 $\varphi$ 的梯度为

$$\mathbf{grad}\varphi=\nabla^i\varphi=g^{ij}\nabla_j\varphi$$

求其散度时，有

$$\begin{aligned}\text{div}(\mathbf{grad}\varphi)&=\nabla_i(\nabla^i\varphi)\\&=\nabla_i(q^{ij}\nabla_j\varphi)\\&=g^{ij}\nabla_i\nabla_j\varphi\end{aligned}$$

将 $\nabla^2=\Delta\overset{\text{记作}}{=\!=\!=}\nabla_i\nabla^i$，由(2.103)式得

$$\text{div}\boldsymbol{A}=\frac{1}{\sqrt{g}}\frac{\partial}{\partial x^i}(\sqrt{g}a^i)$$

$$\begin{aligned}\nabla^2\varphi&=\nabla_i(g^{ij}\nabla_j\varphi)\\&=\frac{1}{\sqrt{g}}\frac{\partial}{\partial x^i}(\sqrt{g}g^{ij}\nabla_j\varphi)\\&=\frac{1}{\sqrt{g}}\frac{\partial}{\partial x^i}(\sqrt{g}\nabla^i\varphi)\end{aligned} \tag{2.119}$$

正交曲线坐标系中 Laplace 算子表达式为

$$\nabla^2\varphi=\frac{1}{\sqrt{g}}\frac{\partial}{\partial x^i}\left(\sqrt{g}g^{ij}\frac{\partial\varphi}{\partial x^j}\right)$$

在正交曲线坐标系中，有

$$\boldsymbol{e}_i\cdot\boldsymbol{e}_j=\begin{cases}1, & i=j\\0, & i\neq j\end{cases}$$

$$g=\begin{vmatrix} g_{11} & & 0 \\ & g_{22} & \\ 0 & & g_{33} \end{vmatrix}, \quad \sqrt{g}=\sqrt{g_{11}g_{22}g_{33}}$$

$$g'=\begin{vmatrix} g^{11} & & 0 \\ & g_{22} & \\ 0 & & g_{33} \end{vmatrix} \quad gg'=E$$

所以 $\quad g_{11}g^{11}=1,\quad g_{22}g^{22}=1,\quad g_{33}g^{33}=1$

故 $$\Delta\varphi=\frac{1}{\sqrt{g_{11}g_{22}g_{33}}}\frac{\partial}{\partial x^1}\left(\sqrt{g_{11}g_{22}g_{33}}\,g^{11}\frac{\partial\varphi}{\partial x^1}\right)+ \frac{1}{\sqrt{g_{11}g_{22}g_{33}}}\frac{\partial}{\partial x^2}\left(\sqrt{g_{11}g_{22}g_{33}}\,g^{22}\frac{\partial\varphi}{\partial x^2}\right)+ \frac{1}{\sqrt{g_{11}g_{22}g_{33}}}\frac{\partial}{\partial x^3}\left(\sqrt{g_{11}g_{22}g_{33}}\,g^{33}\frac{\partial\varphi}{\partial x^3}\right)$$

$$=\frac{1}{\sqrt{g_{11}g_{22}g_{33}}}\frac{\partial}{\partial x^1}\left(\sqrt{\frac{g_{22}g_{33}}{g_{11}}}\frac{\partial\varphi}{\partial x^1}\right)+ \frac{1}{\sqrt{g_{11}g_{22}g_{33}}}\frac{\partial}{\partial x^2}\left(\sqrt{\frac{g_{11}g_{33}}{g_{22}}}\frac{\partial\varphi}{\partial x^2}\right)+ \frac{1}{\sqrt{g_{11}g_{22}g_{33}}}\frac{\partial}{\partial x^3}\left(\sqrt{\frac{g_{11}g_{22}}{g_{33}}}\frac{\partial\varphi}{\partial x^3}\right) \tag{2.120}$$

## 2.9 Euclid 空间的体积度量——体元及面元

在曲线坐标系中，向量 $\boldsymbol{u}$ 在 $x^i$ 坐标轴上，局部坐标系的物理分量即为 $\boldsymbol{u}$ 在 $\boldsymbol{e}_i$ 上的投影，用 $u_{(i)}$ 表示。

$$u_{(i)}=\frac{\boldsymbol{u}\cdot\boldsymbol{e}_i}{|\boldsymbol{e}_i|}=\frac{u_i}{\sqrt{g_{ii}}}=\frac{g_{ik}u^k}{\sqrt{g_{ii}}} \tag{2.121}$$

**注意**:这里 $i$ 不是求和。

对于 Descartes 坐标系,有

$$g_{ij}=\delta_{ij}=\begin{cases}1, & i=j\\0, & i\neq j\end{cases}$$

所以
$$u_{(i)}=u^i=u_i \tag{2.122}$$

而在曲线坐标系中,$u_{(i)}$,$u_i$,$u^i$ 一般是不同的。

**1. 向量的长度——弧微元**

$$\mathrm{d}\boldsymbol{R}=\boldsymbol{e}_i\mathrm{d}x^i$$

$$\mathrm{d}\boldsymbol{R}=\boldsymbol{e}_j\mathrm{d}x^j$$

$$\mathrm{d}s^2=\mathrm{d}\boldsymbol{R}\cdot\mathrm{d}\boldsymbol{R}=g_{ij}\mathrm{d}x^i\mathrm{d}x^j$$

在坐标线上的弧微元为

$$\mathrm{d}s_{(i)}=\sqrt{g_{ii}}\mathrm{d}x^i \tag{2.123}$$

**2. 体元和面元**

外微分形式:由前面得知

$$e^{ijk}=\sqrt{g}\varepsilon^{ijk}=\begin{cases}1\\-1\\0\end{cases}$$

$$e_{ijk}=\frac{1}{\sqrt{g}}\varepsilon_{ijk}=\begin{cases}1\\-1\\0\end{cases}$$

引进一个记号:

$$dx^i \wedge dx^j \wedge dx^k = e^{ijk} dx^1 dx^2 dx^3 \tag{2.124}$$

二阶外微分形式为

$$dx^1 \wedge dx^2 = -dx^2 \wedge dx^1 \tag{2.125}$$

$$dx^1 \wedge dx^1 = 0 \tag{2.126}$$

三阶外微分形式为

$$dx^1 \wedge dx^2 \wedge dx^3$$

证明：

$$dv = \sqrt{g} dx^1 dx^2 dx^3 = \frac{1}{6} \varepsilon_{ijk} dx^i \wedge dx^j \wedge dx^k \tag{2.127}$$

**证**

$$\varepsilon_{ijk} dx^i \wedge dx^j \wedge dx^k = \sqrt{g}\, \boldsymbol{e}_{ijk} \boldsymbol{e}^{ijk} dx^1 dx^2 dx^3 = 6\sqrt{g} dx^1 dx^2 dx^3$$

所以 $dv = \sqrt{g} dx^1 dx^2 dx^3 = \frac{1}{3!} \varepsilon_{ijk} dx^i \wedge dx^j \wedge dx^k$

$\mathbf{d}v$ 的基本形式如下：

在 $\boldsymbol{e}_1$ 上取微段 $\boldsymbol{e}_1 dx^1$；

在 $\boldsymbol{e}_2$ 上取微段 $\boldsymbol{e}_2 dx^2$；

在 $\boldsymbol{e}_3$ 上取微段 $\boldsymbol{e}_3 dx^3$；

$$\begin{aligned} dv &= \boldsymbol{e}_1 dx^1 \cdot (\boldsymbol{e}_2 dv^2 \times \boldsymbol{e}_3 dx^3) \\ &= \boldsymbol{e}_2 \cdot (\boldsymbol{e}_2 \times \boldsymbol{e}_3) dx^1 dx^2 dx^3 \\ &= \sqrt{g} dx^1 dx^2 dx^3 \end{aligned}$$

由标架向量 $\boldsymbol{e}_2$ 和 $\boldsymbol{e}_3$，$\boldsymbol{e}_2$ 和 $\boldsymbol{e}_1$，$\boldsymbol{e}_2$ 和 $\boldsymbol{e}_3$ 所形成的平行四边形面积分别记为 $\Sigma_1, \Sigma_2, \Sigma_3$。由(2.103)式可得

$$\left.\begin{aligned} \Sigma_1 &= \sqrt{gg^{11}} \\ \Sigma_2 &= \sqrt{gg^{22}} \\ \Sigma_3 &= \sqrt{gg^{33}} \end{aligned}\right\} \tag{2.128}$$

设在 $P$ 点的局部标架上的向量为

$$\overrightarrow{PA} = \boldsymbol{e}_1 \mathrm{d}x^1$$

$$\overrightarrow{PB} = \boldsymbol{e}_2 \mathrm{d}x^2$$

$$\overrightarrow{PC} = \boldsymbol{e}_3 \mathrm{d}x^3$$

$$\triangle ABC \text{ 的面积} \xlongequal{\text{记作}} \frac{1}{2}\mathrm{d}\Sigma$$

$l$ 为$\triangle ABC$ 外法线的单位向量。则

$$\begin{aligned} \boldsymbol{l}\mathrm{d}\Sigma &= \overrightarrow{CA} \times \overrightarrow{CB} \\ &= (\boldsymbol{e}_1 \mathrm{d}x^1 - \boldsymbol{e}_3 \mathrm{d}x^3) \times (\boldsymbol{e}_2 \mathrm{d}x^2 - \boldsymbol{e}_3 \mathrm{d}x^3) \\ &= \sqrt{g}(\boldsymbol{e}^2 \mathrm{d}x^2 \mathrm{d}x^3 + \boldsymbol{e}^2 \mathrm{d}x^3 \mathrm{d}x^3 + \boldsymbol{e}^3 \mathrm{d}x^1 \mathrm{d}x^2) \end{aligned} \tag{2.129}$$

由二阶外微分形式得

$$\left.\begin{aligned} \mathrm{d}x^1 \wedge \mathrm{d}x^2 &= -\mathrm{d}x^2 \wedge \mathrm{d}x^1 = \mathrm{d}x^1 \mathrm{d}x^2 \\ \mathrm{d}x^2 \wedge \mathrm{d}x^3 &= -\mathrm{d}x^3 \wedge \mathrm{d}x^2 = \mathrm{d}x^2 \mathrm{d}x^3 \\ \mathrm{d}x^3 \wedge \mathrm{d}x^1 &= -\mathrm{d}x^1 \wedge \mathrm{d}x^3 = \mathrm{d}x^3 \mathrm{d}x^1 \end{aligned}\right\} \tag{2.130}$$

所以(2.129)式可表示为

$$\boldsymbol{l}\mathrm{d}\Sigma = \frac{1}{2}\varepsilon_{ijk} \boldsymbol{e}^i \mathrm{d}x^j \wedge \mathrm{d}x^k \tag{2.131}$$

将(2.131)式和 $\boldsymbol{l}$ 作内积,得

$$\mathrm{d}\Sigma = \frac{1}{2}\varepsilon_{ijk} l^i \mathrm{d}x^j \wedge \mathrm{d}x^k \tag{2.132}$$

设 $d\Sigma_1, d\Sigma_2, d\Sigma_3$ 分别是由向量$\overrightarrow{PB}$和$\overrightarrow{PC}$，$\overrightarrow{PC}$和$\overrightarrow{PA}$，$\overrightarrow{PA}$和$\overrightarrow{PB}$所形成的平行四边形的面积，则得

$$\left.\begin{aligned} d\Sigma_1 &= \sqrt{gg^{11}}\, dx^2 dx^3 \\ d\Sigma_2 &= \sqrt{gg^{22}}\, dx^3 dx^1 \\ d\Sigma_3 &= \sqrt{gg^{33}}\, dx^1 dx^2 \end{aligned}\right\} \tag{2.133}$$

当用 $\boldsymbol{e}_i$ 对(2.131)式作内积，则(2.133)式变为

$$\left.\begin{aligned} d\Sigma_1 &= \sqrt{g^{11}}\, l_1 d\Sigma \\ d\Sigma_2 &= \sqrt{g^{22}}\, l_2 d\Sigma \\ d\Sigma_3 &= \sqrt{g^{33}}\, l_3 d\Sigma \end{aligned}\right\} \tag{2.134}$$

由(2.134)式可知：在曲线坐标系中，三个坐标面的面元可以通过该点的任意方向的曲面面元来表示。

## 习　　题

1. 讨论在曲线坐标系的仿射标架$\{e_i\}(i=1,2,3)$如何求出第二类 Christoffel 记号。

2. 证明以下等式成立：

$$\Gamma_{ij,k} = \frac{1}{2}\left(\frac{\partial \boldsymbol{g}_{ik}}{\partial x^j} + \frac{\partial \boldsymbol{g}_{kj}}{\partial x^i} - \frac{\partial \boldsymbol{g}_{ij}}{\partial x^k}\right)$$

3. 证明：

$$\Gamma_{ij}^k = -\boldsymbol{e}_i \frac{\partial \boldsymbol{e}^k}{\partial x^j}$$

4. 证明：

$$\Gamma^{k}_{ij}=D^{i'}_{i}D^{j'}_{j}D^{k}_{k'}\Gamma^{k'}_{i'j'}-\frac{\partial^2 x^{k'}}{\partial x^{i}\partial x^{j}}D^{k}_{k'}$$

5. 推导一阶协变张量场$\{u_k\}$的协变微分或绝对微分 $DU_k$ 及一阶协变张量场$\{u_k\}$的协变导数$\nabla_m U_k$。

6. 根据一阶协变张量求得的 $DU_k$ 及$\nabla_m U_k$，进而推求二阶协变张量场$\boldsymbol{U}_{ij}$。

(1)协变微分 $DU_{ij}$ 的表达式；

(2)协变导数$\nabla_m U_{ij}$ 的表达式。

并根据张量的商法则，说明$\nabla_m U_{ij}$ 为几阶张量？什么型的张量？

7. 推导二阶混合张量场$U^{i}_{\cdot j}$ 的协变微分 $DU^{i}_{\cdot j}$ 及协变导数$\nabla_m U^{i}_{\cdot j}$ 的表达式。

8. 证明：单位张量场 $\delta^{j}_{\cdot i}$ 的协变导数$\nabla_k \delta^{j}_{\cdot i}\equiv 0$。

9. 证明：

①度量张量 $g^{ij}$ 的协变微分（绝对微分）$D_k g^{ij}=0$；

②度量张量的协变导数$\nabla_k \boldsymbol{g}^{ij}=0$。

10. 在曲线坐标系中，张量的协变导数的求导次序是否可交换？要具体推导。并从 Riemann-Christoffel 张量讨论结果。

11. 在张量场中任意的曲线坐标系下：

(1)推导任一数量场 $\varphi(x,y)$的梯度 $\mathbf{grad}\varphi$。

(2)推导 $\mathbf{E}_3$ 空间中给定一个向量场 $\boldsymbol{A}$ 的散度 $\mathrm{div}\boldsymbol{A}$。

(3)推导 $\mathbf{E}_3$ 中，任一给定的向量场 $\boldsymbol{A}$ 的旋度 $\mathbf{rot}\boldsymbol{A}$。

(4)推导张量场中 Laplace 算子表达式。

12. 证明：

$$dV=\sqrt{g}\,dx^1dx^2dx^3=\frac{1}{6}\varepsilon_{ijk}\,dx^i\wedge dx^j\wedge dx^k$$

# 第三章　曲面张量

这一章主要研究二维 Riemann 空间的张量分析。着重讨论其特殊情形 $\mathbf{E}_2$ 中曲面的张量分析，因为它们的应用较为广泛，讨论的结果均可推广到 $n$ 维空间。

## 3.1　曲面上的Gauss 坐标系及坐标变换

### 1. Gauss 坐标系

在 $\mathbf{E}_3$ 中，空间曲面可用双参数表示。

例如：空间球面(球心在原点，半径为 $R$ 的球面)可表示为

$$\left.\begin{cases} x=R\sin\theta\cos\varphi, & R=\text{const} \\ y=R\sin\theta\sin\varphi, & 0<\theta<\pi \\ z=R\cos\theta, & 0\leqslant\varphi\leqslant 2\pi \end{cases}\right\}\in\mathbf{E}_3$$

参数为 $\theta,\varphi$。

在 Descartes 坐标系中，任一曲面方程为

$$S:\begin{cases} x=f_1(\alpha,\beta) \\ y=f_2(\alpha,\beta) \\ z=f_3(\alpha,\beta) \end{cases}$$

在 $\mathbf{E}_3$ 中，任意坐标系中的曲面方程为

$$S:\begin{cases}x^1=x^1(\xi^1,\xi^2)\\x^2=x^2(\xi^1,\xi^2)\\x^3=x^3(\xi^1,\xi^2)\end{cases}\qquad 参数\ \xi^1,\xi^2\in\mathbf{E}_3$$

$$x^i=x^i(\xi^1,\xi^2)\quad(i=1,2,3)\tag{3.1}$$

也可表示为

$$x^i=x^i(\xi^\alpha)$$

今后无需特别声明，$i,j,k$ 跑过 1，2，3；而 $\alpha,\beta$ 则跑过 1，2。

由(3.1)式可知，只要有一组 $\xi^1,\xi^2$ 就确定曲面上一点 $P(x^1,x^2,x^3)$；反之，只要曲面上有一点 $P$，就确定一组 $\xi^1,\xi^2$。

我们可在 $P$ 点附近建立它们一一对应的关系为

$$(x^1,x^2,x^3)\longleftrightarrow(\xi^1,\xi^2)$$

这就要求

$$\begin{bmatrix}\dfrac{\partial x^1}{\partial\xi^1} & \dfrac{\partial x^2}{\partial\xi^1} & \dfrac{\partial x^3}{\alpha\xi^1}\\[2ex]\dfrac{\partial x^1}{\partial\xi^2} & \dfrac{\partial x^2}{\partial\xi^2} & \dfrac{\partial x^3}{\alpha\xi^2}\end{bmatrix}$$

的秩为 2。

在(3.1)式中，固定 $\xi^1$，而 $\xi^2$ 变化，得到曲面上一条曲线——$\xi^2$ 坐标线；同样可得 $\xi^1$ 坐标线。曲面上的任一点 $P$，过 $P$ 的两条坐标线之间的夹角为 $\omega$。

当 $0<\omega<\pi$ 时，和上面给出的 Jacobi 行列式的秩为 2 是等价的。

当 $x^1,x^2,x^3$ 和 $\xi^1,\xi^2$ 之间能够建立一一对应关系时，$\xi^1,\xi^2$ **称为曲面的 Gauss 坐标系。**

**Gauss 坐标是曲面上的二维曲线坐标($\xi^1,\xi^2$)。**

2. **局部标架:曲面上Gauss坐标系 $\xi^{\alpha}$ 上的标架**

设 $O$ 点为空间中固定坐标系的原点,$P$ 为曲面上的动点,记 $\boldsymbol{r}=\overrightarrow{OP}$,则有

$$\boldsymbol{r}=\boldsymbol{r}(P)=\boldsymbol{r}(\xi^{1},\xi^{2}) \quad (3.2)$$

$$\boldsymbol{r}_{\alpha}=\frac{\partial \boldsymbol{r}}{\partial \xi^{\alpha}} \quad (\alpha=1,2) \quad (3.3)$$

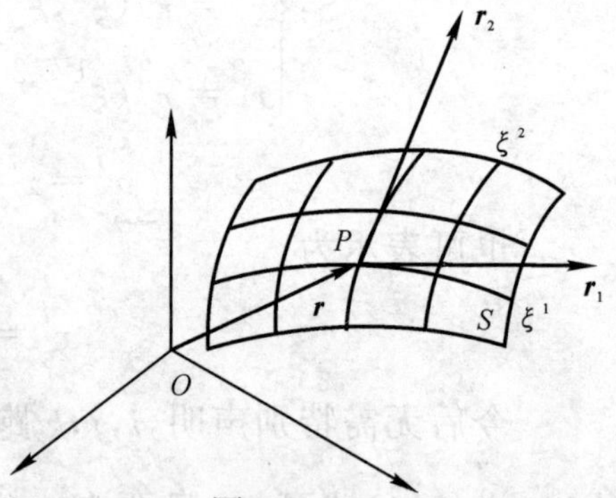

图 3-1

$\boldsymbol{r}_{\alpha}$ 即为坐标曲线 $\xi^{\alpha}$ 的切矢量,而且为线性独立的,所以切线方向 $\boldsymbol{r}$ 可以作为曲面上向量场的仿射标架,称此标架为曲面的局部标架,如图 3-1 所示。

$$\begin{cases} \boldsymbol{r}_{1}=\dfrac{\partial \boldsymbol{r}(\xi^{1},\xi^{2})}{\alpha\xi^{1}} \\ \boldsymbol{r}_{2}=\dfrac{\partial \boldsymbol{r}(\xi^{1},\xi^{2})}{\partial\xi^{2}} \end{cases}$$

这一组标架就相当于 $\mathbf{E}_{3}$ 中 $\boldsymbol{e}_{1},\boldsymbol{e}_{2}$。

设曲面上的另一组曲线坐标 $\xi^{\alpha'}(\xi^{1'},\xi^{2'})$和 $\xi^{\alpha}$之间由单值连续可微函数相联系,即

$$\xi^{\beta'}=\psi^{\beta'}(\xi^{1},\xi^{2}) \quad (3.4)$$

将 $\xi^{\alpha}$与$\xi^{\alpha'}$之间建立一一对应的关系,即互为单值的连续映射,这就要求坐标变换的 Jacobi 行列式不等于零,即

$$\mathrm{J}(\xi^{1},\xi^{2})=\frac{D(\xi^{1'},\xi^{2'})}{D(\xi^{1},\xi^{2})}\neq 0 \quad (3.5)$$

下面讨论坐标变换。

如果曲面上的任一矢径 $\boldsymbol{r}$ 和它关于 Gauss 坐标系直到 $m$ 阶导数都是连续的,此曲面是属于 $C_{m}$ $(m\geqslant 3)$型的,称为正则曲面。

$$D^{\alpha}_{\alpha'}=\frac{\partial\xi^{\alpha}}{\partial\xi^{\alpha'}},\quad D^{\alpha'}_{\alpha}=\frac{\partial\xi^{\alpha'}}{\partial\xi^{\alpha}} \tag{3.6}$$

$$\partial_{\alpha}\overset{\text{def}}{=\!=}\frac{\partial}{\partial\xi^{\alpha}},\quad \partial_{\alpha'}\overset{\text{def}}{=\!=}\frac{\partial}{\partial\xi^{\alpha'}} \tag{3.7}$$

由(3.4)式得

$$\begin{cases}\xi^{1'}=\psi^{1'}(\xi^{1},\xi^{2})\\ \xi^{2'}=\psi^{2'}(\xi^{1},\xi^{2})\end{cases}$$

$$\boldsymbol{r}_{\alpha}=\frac{\partial\xi^{\alpha'}}{\partial\xi^{\alpha}}\boldsymbol{r}_{\alpha'},\quad \boldsymbol{r}_{\alpha'}=\frac{\partial\xi^{\alpha}}{\partial\xi^{\alpha'}}\boldsymbol{r}_{\alpha}$$

那么，坐标变换后，新旧坐标间的变换公式为

$$\boldsymbol{r}_{\alpha'}=\frac{\partial\boldsymbol{r}}{\partial\xi^{\alpha'}}=\frac{\partial\boldsymbol{r}}{\partial\xi^{\alpha}}\frac{\partial\xi^{\alpha}}{\partial\xi^{\alpha'}}=\frac{\partial\xi^{\alpha}}{\partial\xi^{\alpha'}}\boldsymbol{r}_{\alpha}=D^{\alpha}_{\alpha'}\boldsymbol{r}_{a} \tag{3.8}$$

同理可得

$$D^{\alpha'}_{\alpha}D^{\alpha}_{\beta'}=\delta^{\alpha'}_{\beta'}$$

由(3.6)式，则下式成立：

$$D^{\alpha}_{\alpha'}D^{\alpha'}_{\beta}=\delta^{\alpha}_{\beta},\quad D^{\alpha'}_{\alpha}D^{\alpha}_{\beta'}=\delta^{\alpha'}_{\beta'}$$

$$\frac{\partial\xi^{\alpha}}{\partial\xi^{\alpha'}}\frac{\partial\xi^{\alpha'}}{\partial\xi^{\beta}}=\frac{\partial\xi^{\alpha}}{\partial\xi^{\beta}}=\delta^{\alpha}_{\beta}\begin{cases}\text{当 }\alpha=\beta\text{ 时，}\quad \dfrac{\partial\xi^{\alpha}}{\partial\xi^{\beta}}=1\\ \text{当 }\alpha\neq\beta\text{ 时，}\quad \dfrac{\partial\xi^{\alpha}}{\partial\xi^{\beta}}=0\end{cases} \tag{3.9}$$

## 3.2　曲面上的张量

### 1. 曲面上一阶逆变及协变张量场

如果在曲面上每个点 $P$，给出一组数 $a_{\alpha}(P)\big|_{\alpha=1,2}(a_1,a_2)$，当

坐标变换时，$\xi^{\alpha}\Rightarrow\xi^{\alpha'}$，这组数满足以下变换规律：

$$a^{\alpha'}=D_{\alpha}^{\alpha'}a^{\alpha} \tag{3.10}$$

则称 $a^{\alpha}$ 为曲面上的一阶逆变张量，$a^{\alpha}$ 称为它的坐标。

当坐标变换时，给出的这一组数$(a_1,a_2)$满足以下变换规律：

$$a_{\alpha'}(P)=D_{\alpha'}^{\alpha}(P)a_{\alpha}(P),P\in S,\alpha=1,2$$

为简单起见写成

$$a_{\alpha'}=D_{\alpha'}^{\alpha}a_{\alpha} \tag{3.11}$$

则称 $a_{\alpha}(P)$这一组为曲面上的一阶协变张量，$a_{\alpha}$ 称为它的坐标。

一般情况下，若对曲面上每一点 $P$，给出一组 $2^{p+q}$ 个数，它的上标为 $q$ 个，下标为 $p$ 个，即

$$a_{\alpha_1\cdots\alpha_p}^{\beta_1\cdots\beta_q}(P),\qquad P\in S$$

当坐标 $\xi^{\alpha}\rightarrow\xi^{\alpha'}$ 变换时，它满足以下变换规律：

$$a_{\alpha'_1\cdots\alpha'_p}^{\beta'_1\cdots\beta'_q}=D_{\alpha'_1}^{\alpha_1}D_{\alpha'_2}^{\alpha_2}\cdots D_{\alpha'_P}^{\alpha_P}D_{\beta_1}^{\beta'_1}D_{\beta_2}^{\beta'_2}\cdots D_{\beta_q}^{\beta'_q}a_{\alpha_1\cdots\alpha_p}^{\beta_1\cdots\beta_q} \tag{3.12}$$

则称 $a_{\alpha_1\alpha_2\cdots\alpha_p}^{\beta_1\beta_2\cdots\beta_q}$ 为曲面上的 $p$ 阶协变、$q$ 阶逆变的 $p+q$ 阶张量。

**2. 曲面上的度量张量**

$$a_{\alpha\beta}=\boldsymbol{r}_{\alpha}\cdot\boldsymbol{r}_{\beta}\quad\in\{\xi^{\alpha}\}\in S \tag{3.13}$$

$$a_{\alpha\beta}=a_{\beta\alpha}$$

由于 $\boldsymbol{r}_{\alpha}$ 线性独立，所以有

$$a=|[a_{\alpha\beta}]|\neq 0 \tag{3.14}$$

$[a_{\alpha\beta}]$为非奇异阵。

实际上：

$$a=\begin{vmatrix} a_{11} & a_{12} \\ a_{21} & a_{22} \end{vmatrix}=a_{11}a_{22}-a_{12}^2$$
$$=|\boldsymbol{r}_1|^2|\boldsymbol{r}_2|^2-(|\boldsymbol{r}_2||\boldsymbol{r}_2|\cos\omega(\boldsymbol{r}_1,\boldsymbol{r}_2))^2$$
$$=|\boldsymbol{r}_1\times\boldsymbol{r}_2|^2\neq 0$$

所以$\sqrt{a}$等于$\boldsymbol{r}_1,\boldsymbol{r}_2$组成的平行四边形的面积。由于$a_{\alpha\beta}$为非奇异阵,所以其逆阵$a^{\alpha\beta}$存在。

$$a^{\alpha\beta}a_{\beta\gamma}=\delta^{\alpha}_{\gamma}=\begin{cases}1, & \alpha=\gamma\\ 0, & \alpha\neq\gamma\end{cases} \tag{3.15}$$

### 3. 曲面上的逆变度量张量

$$[a^{\alpha\beta}]=[a_{\alpha\beta}]^{-1}$$

而
$$|[\alpha_{\alpha\beta}]|=\begin{vmatrix} a_{11} & a_{12} \\ a_{21} & a_{22} \end{vmatrix}=a$$

$$[a^{\alpha\beta}]=\frac{ad_j[a_{\alpha\beta}]}{|[a_{\alpha\beta}]|}=\begin{vmatrix} \dfrac{a_{22}}{a} & -\dfrac{a_{12}}{a} \\ -\dfrac{a_{21}}{a} & \dfrac{a_{11}}{a} \end{vmatrix} \tag{3.16}$$

证明:$a^{\alpha\beta}$为二阶逆变张量,即证明$a^{\alpha'\beta'}=D^{\alpha'}_{\alpha}D^{\beta'}_{\beta}a^{\alpha\beta}$。

**证** 当坐标变换时,由(3.9 )式和(3.13)式可得

$$\boldsymbol{a}_{\alpha'\beta'}=\boldsymbol{r}_{\alpha}{}'\cdot\boldsymbol{r}_{\beta'}=D^{\alpha}_{\alpha'}\boldsymbol{r}_{\alpha}D^{\beta}_{\beta'}\boldsymbol{r}_{\beta}$$
$$=D^{\alpha}_{\alpha'}D^{\beta}_{\beta'}\boldsymbol{r}_{\alpha}\boldsymbol{r}_{\beta}=D^{\alpha}_{\alpha'}D^{\beta}_{\beta'}a_{\alpha\beta} \tag{3.17}$$

由(3.15)式得

$$a^{\alpha'\beta'}a_{\beta'\gamma'}=\delta^{\alpha'}_{\gamma'}$$

$$a^{\alpha'\beta'}a_{\beta\gamma}D^{\beta}_{\beta'}D^{\gamma}_{\gamma'}=\delta^{\alpha'}_{\gamma'}$$

$$a^{\alpha'\beta'}D^{\beta}_{\beta'}D^{\gamma}_{\gamma'}a_{\beta\gamma}D^{\gamma'}_{\sigma}=\delta^{\alpha'}_{\gamma'}D^{\gamma'}_{\sigma}$$

即

$$a^{\alpha'\beta'}D^{\beta}_{\beta'}a_{\beta\sigma}=D^{\alpha'}_{\sigma}$$

两端乘 $a^{\sigma\lambda}$，得

$$a^{\alpha'\beta'}D^{\beta}_{\beta'}a_{\beta\sigma}a^{\sigma\lambda}=D^{\alpha'}_{\sigma}a^{\sigma\lambda}$$

$$a^{\alpha'\beta'}D^{\lambda}_{\beta'}=D^{\alpha'}_{\sigma}a^{\sigma\lambda}$$

两端乘 $D^{\lambda'}_{\lambda}$，得

$$a^{\alpha'\beta'}D^{\lambda}_{\beta'}D^{\lambda'}_{\lambda}=D^{\alpha'}_{\sigma}a^{\sigma\lambda}D^{\lambda'}_{\lambda}$$

所以

$$a^{\alpha'\lambda'}=D^{\alpha'}_{\sigma}D^{\lambda'}_{\lambda}a^{\sigma\lambda} \tag{3.18}$$

—证毕—

即 $a^{\alpha\beta}$ 服从二阶逆变张量的变换规律，所以称 $a_{\alpha\beta}$，$a^{\alpha\beta}$ 为二阶协变和二阶逆变度量张量。

**4.共轭标架**

在仿射坐标系中，我们可用 $g^{ij}$ 构造其共轭标架，这里同样可利用 $a^{\alpha\beta}$ 构造曲面上的共轭标架。

$$\left.\begin{aligned}\boldsymbol{e}^{i}&=g^{ij}\boldsymbol{e}_{j}\\ \boldsymbol{e}^{i'}&=A^{i'}_{i}\boldsymbol{e}^{l}\end{aligned}\right\}\Longrightarrow\begin{cases}\boldsymbol{r}^{\alpha}\overset{\text{def}}{=\!=}a^{\alpha\beta}\boldsymbol{r}_{\beta} & (3.19)\\ & (\alpha=1,2)\\ \boldsymbol{r}^{\alpha'}\overset{\text{def}}{=\!=}D^{\alpha'}_{\alpha}\boldsymbol{r}^{\alpha} & (3.20)\end{cases}$$

共轭标架具有下列性质：

$$\boldsymbol{e}_i \cdot \boldsymbol{e}^j = \delta_i^j, \quad \boldsymbol{r}_\alpha \cdot \boldsymbol{r}_\beta = \delta_\alpha^\beta \tag{3.21}$$

$$\boldsymbol{e}^i \cdot \boldsymbol{e}^j = g^{ij}, \quad \boldsymbol{r}^\alpha \cdot \boldsymbol{r}^\beta = a^{\alpha\beta} \tag{3.22}$$

$$\boldsymbol{e}^j \cdot \mathrm{d}\boldsymbol{R} = \mathrm{d}x^j \quad \boldsymbol{r}^\beta \cdot \mathrm{d}\boldsymbol{r} = \mathrm{d}\xi^\beta \tag{3.23}$$

下面介绍曲面张量的一些特殊情况。

设 $\boldsymbol{n}$ 为曲面法线方向的单位矢量，并且 $\boldsymbol{r}_1, \boldsymbol{r}_2, \boldsymbol{n}$ 组成右手系，如图 3-2 所示，$\boldsymbol{r}_1, \boldsymbol{r}_2$ 一定在过 $P$ 点的切平面内，所以 $\boldsymbol{n} \perp \boldsymbol{r}_1, \boldsymbol{n} \perp \boldsymbol{r}_2$。

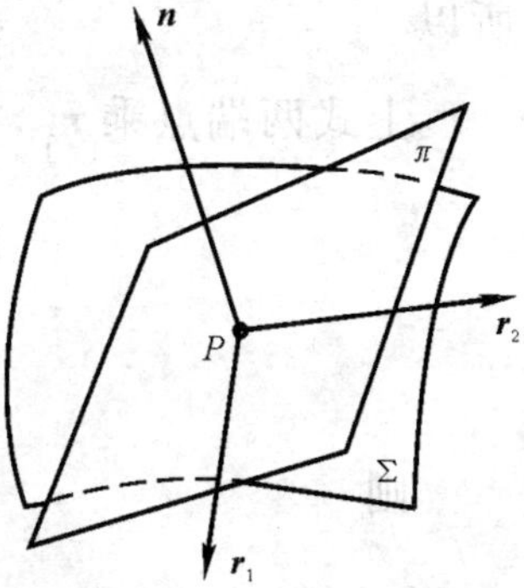


图　3-2

那么，在曲面上可有下列一组关系式成立：

$$\left.\begin{aligned}
&\boldsymbol{n} = \frac{1}{\sqrt{a}}(\boldsymbol{r}_2 \times \boldsymbol{r}_2), \quad \boldsymbol{r}_1 \times \boldsymbol{r}_2 = \sqrt{a}\boldsymbol{n} \\
&\boldsymbol{n} = \sqrt{a}(\boldsymbol{r}^1 \times \boldsymbol{r}^2), \quad \boldsymbol{r}^1 \times \boldsymbol{r}^2 = \frac{\boldsymbol{n}}{\sqrt{a}} \\
&\boldsymbol{r}^1 = \frac{1}{\sqrt{a}}(\boldsymbol{r}_2 \times \boldsymbol{n}), \quad \boldsymbol{r}_2 = \frac{1}{\sqrt{a}}(\boldsymbol{n} \times \boldsymbol{r}_1) \\
&\boldsymbol{r}_1 = \sqrt{a}(\boldsymbol{r}^2 \times \boldsymbol{n}), \quad \boldsymbol{r}_2 = \sqrt{a}(\boldsymbol{n} \times \boldsymbol{r}^1)
\end{aligned}\right\} \tag{3.24}$$

对(3.24)式的几个式子证明如下：

先证明：$\boldsymbol{n} = \sqrt{a}(\boldsymbol{r}^1 \times \boldsymbol{r}^2)$。

$$\begin{aligned}
\boldsymbol{r}^1 \times \boldsymbol{r}^2 &= a^{1\beta}\boldsymbol{r}_\beta \times a^{2\gamma}\boldsymbol{r}_\gamma \\
&= a^{1\beta}a^{2r}(\boldsymbol{r}_\beta \times \boldsymbol{r}_\gamma) \\
&= (a^{11}a^{22} - a^{12}a^{22})(\boldsymbol{r}_1 \times \boldsymbol{r}_2) \\
&= \frac{1}{a}(\boldsymbol{r}_1 \times \boldsymbol{r}_2) = \frac{1}{\sqrt{a}}\boldsymbol{n} \quad (\beta=1,2; r=1,2)
\end{aligned}$$

所以
$$\boldsymbol{n}=\sqrt{a}\,(\boldsymbol{r}^1\times\boldsymbol{r}^2)$$

再证明：$\boldsymbol{r}^1=\frac{1}{\sqrt{a}}(\boldsymbol{r}_2\times\boldsymbol{n})$。

$$\boldsymbol{r}^1\perp\boldsymbol{r}_2,\quad \boldsymbol{r}^1\perp\boldsymbol{n}$$

所以
$$\boldsymbol{r}^1=\alpha(\boldsymbol{r}_2\times\boldsymbol{n})$$

上式两端点乘 $\boldsymbol{r}_1$，得

$$\begin{aligned}1&=\boldsymbol{r}_1\cdot\boldsymbol{r}^1=\alpha\boldsymbol{r}_1\cdot(\boldsymbol{r}_2\times\boldsymbol{n})\\&=\alpha\boldsymbol{n}\cdot(\boldsymbol{r}_1\times\boldsymbol{r}_2)=\alpha\sqrt{a}\end{aligned}$$

则
$$\alpha=\frac{1}{\sqrt{a}}$$

所以
$$\boldsymbol{r}^1=\frac{1}{\sqrt{a}}(\boldsymbol{r}_2\times\boldsymbol{n})$$

同理可证：$\boldsymbol{r}^2=\frac{1}{\sqrt{a}}(\boldsymbol{n}\times\boldsymbol{r}_1)$。

又由上述推导，得 $1=\boldsymbol{r}^1\cdot\boldsymbol{r}_1=\beta\cdot\boldsymbol{r}^1(\boldsymbol{r}^2\times\boldsymbol{n})=\frac{\beta}{\sqrt{a}}$

所以
$$\beta=\sqrt{a}$$

故
$$\boldsymbol{r}_1=\sqrt{a}\,(\boldsymbol{r}^2\times\boldsymbol{n})$$
$$\boldsymbol{r}_2=\sqrt{a}\,(\boldsymbol{n}\times\boldsymbol{r}^1)$$

## 3.3 曲面的第一基本型和行列式张量(Eddington 张量)

曲面上任一曲线弧长的微分 ds 为

$$\begin{aligned}\mathrm{d}s^2&=\mathrm{d}\boldsymbol{r}\cdot\mathrm{d}\boldsymbol{r}\\&=\boldsymbol{r}_\alpha\cdot\boldsymbol{r}_\beta\mathrm{d}\xi^\alpha\mathrm{d}\xi^\beta\end{aligned}$$

$$=a_{\alpha\beta}\mathrm{d}\xi^{\alpha}\mathrm{d}\xi^{\beta} \quad \in\xi^{\alpha}\in E_3 \tag{3.25}$$

(3.25)式是正定的，且为不变量，称为曲面的第一基本型。$a_{\alpha\beta}$是对称的，所以对于坐标系 $\xi^{\alpha}$ 的变换，$a_{\alpha\beta}$ 为协变张量，又称为基本曲面张量(Fundamental Surface Tensor)。

在空间选择 Descates 坐标系，即可得到常见的度量形式，曲面上的线元由下式确定：

$$\mathrm{d}x^{i}=\frac{\partial x^{i}}{\partial\xi^{\alpha}}\mathrm{d}\xi^{\alpha}, \qquad g_{ij}=\begin{bmatrix}1 & & 0\\ & 1 & \\ 0 & & 1\end{bmatrix}$$

$$\begin{aligned}\mathrm{d}s^{2}&=g_{ij}\,\mathrm{d}x^{i}\,\mathrm{d}x^{j}\\&=g_{ij}\frac{\partial x^{i}}{\partial\xi^{\alpha}}\frac{\partial x^{i}}{\partial\xi^{\beta}}\mathrm{d}\xi^{\alpha}\mathrm{d}\xi^{\beta}\end{aligned}$$

$$\begin{aligned}\mathrm{d}s^{2}&=a_{\alpha\beta}\mathrm{d}\xi^{\alpha}\mathrm{d}\xi^{\beta}\\&=a_{11}\mathrm{d}\xi^{1}\mathrm{d}\xi^{1}+a_{12}\mathrm{d}\xi^{1}\mathrm{d}\xi^{2}+\\&\quad a_{21}\mathrm{d}\xi^{2}\mathrm{d}\xi^{1}+a_{22}\mathrm{d}\xi^{2}\mathrm{d}\xi^{2}\quad(\alpha,\beta=1,2)\end{aligned}$$

$$a_{11}=g_{ij}\left.\frac{\partial x^{i}}{\partial\xi^{1}}\frac{\partial x^{j}}{\partial\xi^{1}}\right|_{i=j}=\sum_{i}\left(\frac{\partial x^{i}}{\partial\xi^{1}}\right)^{2}$$

$$a_{12}=\sum_{i}\left(\frac{\partial x^{i}}{\partial\xi^{1}}\right)\left(\frac{\partial x^{i}}{\partial\xi^{2}}\right)=a_{21}$$

$$a_{22}=\sum_{i}\left(\frac{\partial x^{i}}{\partial\xi^{2}}\right)^{2}$$

所以

$$\mathrm{d}s^{2}=a_{11}(\mathrm{d}\xi^{1})^{2}+2a_{12}(\mathrm{d}\xi^{1})(\mathrm{d}\xi^{2})+a_{22}(\mathrm{d}\xi^{2})^{2} \tag{3.26}$$

### 1. 曲面上的排列张量

在 $\mathbf{E}_2$ 空间中，我们曾引入 Eddington 张量和 Ricci 符号（又称排列符号）：

$$\varepsilon_{ijk}=\sqrt{g}e_{ijk}, \quad \varepsilon^{ijk}=\frac{1}{\sqrt{g}}e^{ijk}$$

$\varepsilon_{ijk}(\varepsilon^{ijk})$定义为 Eddington 张量。

$e_{ijk}(e^{ijk})$定义为排列符号（Permutation Symbols），它是张量密度。

在曲面上，可类似地引入由下式所定义的量：

$$\varepsilon_{\alpha\beta}\xlongequal{\text{def}}\sqrt{a}\,e_{\alpha\beta}$$

$$\varepsilon^{\alpha\beta}\xlongequal{\text{def}}\frac{1}{\sqrt{a}}e^{\alpha\beta} \tag{3.27}$$

其中

$$\begin{cases}e_{11}=e_{22}=0\\ e_{12}=+1\\ e_{21}=-1\end{cases}$$

$\varepsilon_{\alpha\beta}$和$\varepsilon^{\alpha\beta}$称为曲面的排列张量，类同$\{\alpha^i\}$中的$\varepsilon_{ijk}$，$\varepsilon^{ijk}$（Surface Permutation Tensors）。

我们还可以从标架向量 $\boldsymbol{r}_1,\boldsymbol{r}_2$ 所组成的平行四边形的面积讨论曲面的排列张量。

$$\begin{aligned}\Sigma^2&=|\boldsymbol{r}_1\times\boldsymbol{r}_2|^2\\&=|\boldsymbol{r}_1|^2|\boldsymbol{r}_2|^2\sin^2\omega\\&=|\boldsymbol{r}_1|^2|\boldsymbol{r}_2|^2-(\boldsymbol{r}_1\cdot\boldsymbol{r}_2)^2\end{aligned}$$

$$=a_{11}a_{22}-a_{12}^2=a>0 \tag{2.28}$$

沿 $\boldsymbol{r}_1$ 方向取一向量 $\boldsymbol{r}_1\mathrm{d}\xi^1$，沿 $\boldsymbol{r}_2$ 方向取一向量 $\boldsymbol{r}_2\mathrm{d}\xi^2$，由 $\boldsymbol{r}_1\mathrm{d}\xi^1$ 和 $\boldsymbol{r}_2\mathrm{d}\xi^2$ 所组成的平行四边形的面积为

$$\mathrm{d}\Sigma=\sqrt{a}\,\mathrm{d}\xi^1\mathrm{d}\xi^2 \tag{3.29}$$

引进曲面上的外微分形式，即

$$\mathrm{d}\xi^\alpha \wedge \mathrm{d}\xi^\beta=e^{\alpha\beta}\mathrm{d}\xi^1\mathrm{d}\xi^2$$

$$\left.\begin{aligned}[e^{\alpha\beta}]&\xlongequal{\text{def}}\begin{bmatrix}0 & 1\\ -1 & 0\end{bmatrix}\\ [e^{\alpha\beta}]&\xlongequal{\text{def}}\begin{bmatrix}0 & 1\\ -1 & 0\end{bmatrix}\end{aligned}\right\} \tag{3.30}$$

所以
$$\mathrm{d}\Sigma=\frac{1}{2}\varepsilon_{\alpha\beta}\mathrm{d}\xi^\alpha \wedge \mathrm{d}\xi^\beta \tag{3.31}$$

下面介绍排列张量的一些基本关系式。

$(\boldsymbol{r}_1,\boldsymbol{r}_2,\boldsymbol{n})$组成一个右手系统，其中 $\boldsymbol{n}$ 为曲面在该点的单位外法线向量，那么由(3.24)式和(3.27)式可得

$$\varepsilon_{\alpha\beta}=\boldsymbol{n}\cdot(\boldsymbol{r}_\alpha\times\boldsymbol{r}_\beta) \tag{3.32}$$

同理可得以下一组关系式：

$$\left.\begin{aligned}\varepsilon^{\alpha\beta}&=\boldsymbol{n}\cdot(\boldsymbol{r}^\alpha\times\boldsymbol{r}^\beta)\\ \varepsilon_\alpha^{\cdot\beta}&=\boldsymbol{n}\cdot(\boldsymbol{r}_\alpha\times\boldsymbol{r}^\beta)\\ \varepsilon^\beta_{\cdot\alpha}&=\boldsymbol{n}\cdot(\boldsymbol{r}^\beta\times\boldsymbol{r}_\alpha)\end{aligned}\right\} \tag{3.33}$$

可以证明：

$\varepsilon^{\alpha\beta}$为二阶逆变张量；

$\varepsilon_\alpha^{\cdot\beta}$，$\varepsilon^\beta_{\cdot\alpha}$为二阶混合张量。

由(3.33)式，可直接验证以下关系式：

$$\left.\begin{aligned}\varepsilon^{\alpha\beta}&=a^{\alpha\lambda}a^{\beta\gamma}\varepsilon_{\lambda\gamma}\\ \varepsilon_{\alpha}^{\cdot\,\beta}&=a^{\beta\gamma}\varepsilon_{\alpha\gamma}\\ \varepsilon^{\beta}_{\cdot\,\alpha}&=a^{\beta\gamma}\varepsilon_{\gamma\alpha}\end{aligned}\right\}\tag{3.34}$$

下面验证(3.34)式中第一式：

$$\varepsilon^{12}=a^{1\lambda}a^{2\gamma}\varepsilon_{\lambda\gamma}\quad(\alpha=1,\beta=2)$$

$$左:=\varepsilon^{12}=\boldsymbol{n}\cdot(\boldsymbol{r}^{1}\times\boldsymbol{r}^{2})\Rightarrow\boldsymbol{n}\cdot\frac{1}{\sqrt{a}}\boldsymbol{n}=\frac{1}{\sqrt{a}}$$

$$右:=\varepsilon_{\lambda\gamma}\Big|_{\lambda=\gamma}=0,而\quad\varepsilon_{\lambda\gamma}\Big|_{\lambda\neq\gamma}=\pm\sqrt{a}$$

所以
$$a^{1\lambda}a^{2r}\varepsilon_{\lambda r}=\sqrt{a}(a^{11}a^{22}-a^{12}a^{21})=\frac{1}{\sqrt{a}}$$

因此,(3.20)式中第一式成立。

下面讨论曲面上过一点的任意两条曲线的切线之间的夹角公式。

设 $\boldsymbol{l},\boldsymbol{s}$ 为过曲面上 $P$ 点的两个切线方向的单位矢量,$\omega$ 为 $\boldsymbol{l}$ 和 $\boldsymbol{s}$ 间的夹角,如图 3-3 所示。

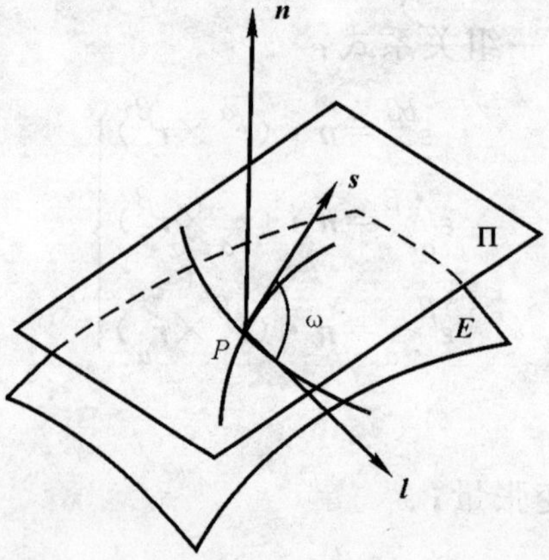


图 3-3

其坐标为

$$\left.\begin{aligned} \boldsymbol{l} &= l^{\alpha}\boldsymbol{r}_{\alpha} = l_{\alpha}\boldsymbol{r}^{\alpha} \\ \boldsymbol{s} &= s^{\alpha}\boldsymbol{r}_{\alpha} = s_{\alpha}\boldsymbol{r}^{\alpha} \end{aligned}\right\} \tag{3.35}$$

$$\left.\begin{aligned} &① \cos\omega = \boldsymbol{l}\cdot\boldsymbol{s} = l^{\alpha}\boldsymbol{r}_{\alpha}\cdot s^{\beta}\boldsymbol{r}_{\beta} = a_{\alpha\beta}l^{\alpha}s^{\beta} \\ &② \cos\omega = a^{\alpha\beta}l_{\alpha}s_{\beta} \\ &③ \cos\omega = l^{\alpha}s_{\alpha} \\ &④ \cos\omega = l_{\beta}s^{\beta} \end{aligned}\right\} \tag{3.36}$$

因此,两个曲面向量相互正交的必要和充分条件为

$$a_{\alpha\beta}l^{\alpha}s^{\beta} = 0 \tag{3.37}$$

$$⑤ \sin\omega = \frac{\boldsymbol{l}\times\boldsymbol{s}}{|\boldsymbol{l}||\boldsymbol{s}|} = \boldsymbol{l}\times\boldsymbol{s} = \boldsymbol{n}\cdot(\boldsymbol{l}\times\boldsymbol{s}) = \varepsilon_{\alpha\beta}l^{\alpha}s^{\beta} \tag{3.38}$$

下面再讨论逆变量张量和协变度量之间的关系。

$$\left.\begin{aligned} a^{\alpha\beta} &= \varepsilon^{\alpha\lambda}\varepsilon^{\beta\sigma}a_{\lambda\sigma} = \varepsilon^{\alpha}_{\cdot\sigma}\varepsilon^{\beta\sigma} = \varepsilon^{\alpha\lambda}\varepsilon^{\beta}_{\cdot\lambda} \\ a^{\alpha\beta} &= \varepsilon_{\sigma\lambda}\varepsilon_{\beta\sigma}a^{\lambda\sigma} = \varepsilon_{\sigma\lambda}\varepsilon_{\beta}^{\cdot\lambda} = \varepsilon_{\alpha}^{\cdot\sigma}\varepsilon_{\beta\sigma} \end{aligned}\right\} \tag{3.39}$$

证明(3.39)式中第二式:

$$\begin{aligned} \varepsilon_{\alpha\lambda}\varepsilon_{\beta\sigma}a^{\lambda\sigma} &= \varepsilon_{\alpha\lambda}\varepsilon_{\beta\sigma}\boldsymbol{r}^{\lambda}\boldsymbol{r}^{\sigma} \\ &= (\boldsymbol{n}\times\boldsymbol{r}_{\alpha})\cdot(\boldsymbol{n}\times\boldsymbol{r}_{\beta}) \\ &= \boldsymbol{n}\cdot(\boldsymbol{r}_{\beta}\times(\boldsymbol{n}\times\boldsymbol{r}_{\alpha})) \\ &= -\boldsymbol{n}\cdot((\boldsymbol{n}\times\boldsymbol{r}_{\alpha})\times\boldsymbol{r}_{\beta}) \end{aligned}$$

利用三重向量积的性质:

$$\begin{aligned} \varepsilon_{\alpha\lambda}\varepsilon_{\beta\sigma}\alpha^{\lambda\sigma} &= -\boldsymbol{n}[(\boldsymbol{n}\cdot\boldsymbol{r}_{\beta})\boldsymbol{r}_{\alpha} - (\boldsymbol{r}_{\alpha}\cdot\boldsymbol{r}_{\beta})\boldsymbol{n}] \\ &= \boldsymbol{r}_{\alpha}\cdot\boldsymbol{r}_{\beta} = a_{\alpha\beta} \end{aligned}$$

即(3.39)式中第二式得证。同理可证(3.39)式中第一式。

## 3.4 曲面上的Christoffe1 符号和曲面的第二、第三基本型

### 1. Christoffe1 符号

曲面上的标架向量 $\boldsymbol{r}_\alpha$ 和曲面上的Gauss 坐标系有关,如图 3-4 所示。这一节我们要研究向量 $\boldsymbol{r}_\alpha(\xi^1,\xi^2)$ 对 $\xi^\alpha,\xi^\beta(\alpha,\beta=1,2)$ 的二阶导数的变化规律,并从中引出曲面上的 Christoffe1 符号。

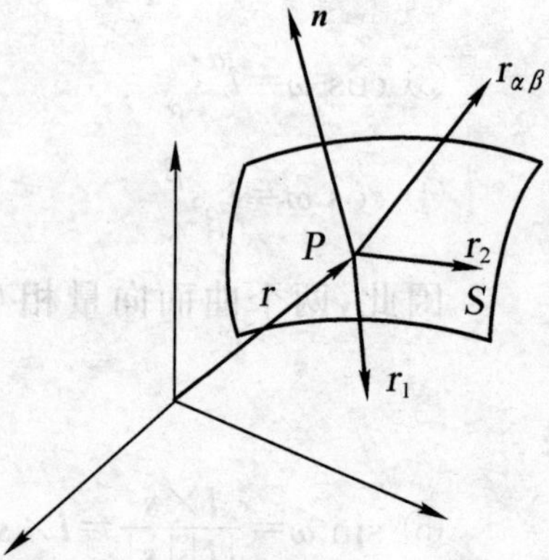

图 3-4

假定 $\boldsymbol{r}_\alpha$ 对 $\xi^\alpha,\xi^\beta$ 有连续导数存在,则

$$\boldsymbol{r}_{\alpha\beta} \overset{\text{def}}{=\!=} \frac{\partial^2 \boldsymbol{r}}{\partial\xi^\alpha\partial\xi^\beta}$$

而 $\boldsymbol{r}_{\alpha\beta}$ 是(经过二阶导数后的)空间向量,此向量不一定在曲面的切平面内。

将 $\boldsymbol{r}_{\alpha\beta}$ 按不共面的三个向量 $\boldsymbol{r}_1,\boldsymbol{r}_2,\boldsymbol{n}$ 进行分解,分解时有三个系数,下面将证明这些系数正符号 Christoffel 符号的规律。

$$\boldsymbol{r}_{\alpha\beta} \overset{\text{def}}{=\!=} \frac{\partial^2 \boldsymbol{r}}{\partial\xi^\alpha\partial\xi^\beta} = (\Gamma^1_{\alpha\beta})\boldsymbol{r}_1 + (\Gamma^2_{\alpha\beta})\boldsymbol{r}_2 + (b_{\alpha\beta})\boldsymbol{n}$$

$$= \Gamma^\sigma_{\alpha\beta}\boldsymbol{r}_\sigma + b_{\alpha\beta}\boldsymbol{n} \tag{3.40}$$

(3.40)式称为 Gauss 公式。

$$\boldsymbol{r}_{\beta\alpha} \overset{\text{def}}{=\!=} \frac{\partial^2 \boldsymbol{r}}{\partial\xi^\beta\partial\xi^\alpha} = \Gamma^\delta_{\beta\alpha}\boldsymbol{r}_\sigma + b_{\beta\alpha}\boldsymbol{n}$$

下面讨论 $\boldsymbol{r}_{\alpha\beta}$ 沿($\boldsymbol{r}_1,\boldsymbol{r}_2,\boldsymbol{n}$)分解后的系数。

(1)系数具有对称性

$$\Gamma^{\sigma}_{\alpha\beta}=\Gamma^{\sigma}_{\beta\alpha}$$

$$b_{\alpha\beta}=b_{\beta\alpha}$$

$$\boldsymbol{n}\perp\boldsymbol{r}_1,\boldsymbol{n}\perp\boldsymbol{r}_2$$

$$\boldsymbol{n}\cdot\boldsymbol{r}_{\alpha\beta}=b_{\alpha\beta}$$

$$b_{\alpha\beta}=\boldsymbol{n}\cdot\boldsymbol{r}_{\alpha\beta}=\frac{\partial}{\partial\xi^{\alpha}}(\boldsymbol{n}\cdot\boldsymbol{r}_{\beta})-\boldsymbol{n}_{\alpha}\cdot\boldsymbol{r}_{\beta}=-\boldsymbol{n}_{\alpha}\cdot\boldsymbol{r}_{\beta} \tag{3.41}$$

$$b_{\beta\alpha}=-\boldsymbol{n}_{\beta}\cdot\boldsymbol{r}_{\alpha} \tag{3.42}$$

$$b_{\alpha\beta}=\frac{1}{2}(b_{\alpha\beta}+b_{\beta\alpha})$$

$$=-\frac{1}{2}(\boldsymbol{n}_{\alpha}\cdot\boldsymbol{r}_{\beta}+\boldsymbol{n}_{\beta}\cdot\boldsymbol{r}_{\alpha}) \tag{3.43}$$

可证:经过坐标变换 $\xi^{\alpha}\longrightarrow\xi^{\alpha'}$ 后,有

$$b_{\alpha\beta}=b_{\alpha'\beta'}D^{\alpha'}_{\alpha}D^{\beta'}_{\beta}$$

所以,$b_{\alpha\beta}$ 为二阶协变张量。

(2)Christeffel 符号的性质

当用 $\boldsymbol{r}^{\lambda}$ 和(3.40)式作内积时,有

$$\boldsymbol{r}^{\lambda}\cdot\boldsymbol{r}_{\alpha\beta}=\Gamma^{\sigma}_{\alpha\beta}\boldsymbol{r}_{\sigma}\cdot\boldsymbol{r}^{\lambda}$$

即

$$\Gamma^{\lambda}_{\alpha\beta}=\boldsymbol{r}^{\lambda}\cdot\boldsymbol{r}_{\alpha\beta}=\boldsymbol{r}_{\alpha\beta}\cdot\boldsymbol{r}^{\lambda} \tag{3.44}$$

规定一个符号:

$$\Gamma^{\sigma}_{\alpha\beta}a_{\sigma\lambda}\overset{\text{def}}{=\!=}\Gamma_{\alpha\beta,\lambda}$$

用 $\boldsymbol{r}_{\lambda}$ 和(3.40)式作内积,有

$$\boldsymbol{r}_{\lambda}\cdot\boldsymbol{r}_{\alpha\beta}=\Gamma^{\sigma}_{\alpha\beta}a_{\lambda\sigma} \tag{3.45}$$

$$\Gamma_{\alpha\beta,\lambda}=\boldsymbol{r}_{\alpha\beta}\cdot\boldsymbol{r}_{\lambda} \tag{3.46}$$

$$a_{\alpha\beta}=\boldsymbol{r}_{\alpha}\cdot\boldsymbol{r}_{\beta}$$

$$\frac{\partial a_{\alpha\beta}}{\partial\xi^{\lambda}}=\boldsymbol{r}_{\lambda\alpha}\cdot\boldsymbol{r}_{\beta}+\boldsymbol{r}_{\alpha}\cdot\boldsymbol{r}_{\lambda\beta}$$

改写成下式：

$$\frac{\partial a_{\alpha\beta}}{\partial\xi^{\lambda}}=\Gamma_{\lambda\beta,\alpha}+\Gamma_{\lambda\alpha,\beta} \tag{①}$$

对①式指标进行轮换后可得

$$\frac{\partial a_{\beta\lambda}}{\partial\xi^{\alpha}}=\Gamma_{\alpha\lambda,\beta}+\Gamma_{\alpha\beta,\lambda} \tag{②}$$

$$\frac{\partial a_{\lambda\alpha}}{\partial\xi^{\beta}}=\Gamma_{\beta\alpha,\lambda}+\Gamma_{\beta\lambda,\alpha} \tag{③}$$

$\dfrac{②+③-①}{2}$可得

$$\Gamma_{\alpha\beta,\lambda}\overset{\text{def}}{=\!=}\frac{1}{2}\left(\frac{\partial a_{\lambda\alpha}}{\partial\xi^{\beta}}+\frac{\partial a_{\beta\lambda}}{\partial\xi^{\alpha}}-\frac{\partial a_{\alpha\beta}}{\partial\xi^{\lambda}}\right) \tag{3.47}$$

将 $\Gamma_{\alpha\beta,\lambda}$ 定义为曲面上的第一类 Christoffel 符号。

(3)利用 $\boldsymbol{r}^{\alpha}\cdot\boldsymbol{r}_{\beta}=\delta^{\alpha}_{\beta}$ 将(3.40)式的 Gauss 公式改写成为下式：

$$\boldsymbol{r}_{\alpha\beta}=\Gamma^{\sigma}_{\alpha\beta}\cdot\boldsymbol{r}_{\sigma}+b_{\alpha\beta}\boldsymbol{n}$$

$$\begin{aligned}\Gamma^{\lambda}_{\alpha\beta}&=\boldsymbol{r}^{\lambda}\cdot\boldsymbol{r}_{\alpha\beta}\\&=\partial_{\beta}(\boldsymbol{r}^{\lambda}\cdot\boldsymbol{r}_{\alpha})-\boldsymbol{r}^{\lambda}_{\beta}\cdot\boldsymbol{r}_{\alpha}=-\partial_{\beta}\boldsymbol{r}^{\lambda}\cdot\boldsymbol{r}_{\alpha}\end{aligned} \tag{3.48}$$

(4)规定 $a^{\alpha\lambda}b_{\lambda\beta}$ 经过缩并后为 $b^{\alpha}_{\beta}$，由于 $b_{\beta\alpha}$ 是对称的，所以 $b^{\alpha}{}_{\cdot\beta}$ 和 $b_{\beta}{}^{\cdot\alpha}$ 相等，记为 $b^{\alpha}_{\beta}$，则

$$b^{\alpha}_{\beta}=a^{\alpha\lambda}b_{\lambda\beta}$$
$$=a^{\alpha\lambda}(-\boldsymbol{n}_{\beta}\cdot\boldsymbol{r}_{\lambda})$$
$$=-\boldsymbol{n}_{\beta}\cdot a^{\alpha\lambda}\boldsymbol{r}_{\lambda}=-\boldsymbol{n}_{\beta}\cdot\boldsymbol{r}^{\alpha} \tag{3.49}$$

还可改写为

$$b^{\alpha}_{\beta}=-\boldsymbol{n}_{\beta}\cdot\boldsymbol{r}^{\alpha}$$
$$=\partial_{\beta}\boldsymbol{r}^{\alpha}\cdot\boldsymbol{n} \tag{3.50}$$

(5)共轭标架的 Gauss 公式为

$$\partial_{\beta}\boldsymbol{r}^{\alpha}=(A)\boldsymbol{r}^{1}+(B)\boldsymbol{r}^{2}+(C)\boldsymbol{n} \quad ①$$

由
$$b^{\alpha}_{\beta}=\partial_{\beta}\boldsymbol{r}^{\alpha}\cdot\boldsymbol{n}$$
$$\Gamma^{\lambda}_{\alpha\beta}=-\partial_{\beta}\boldsymbol{r}^{\lambda}\cdot\boldsymbol{r}_{\alpha}$$

将①式两端点乘 $\boldsymbol{r}_{1}$，得

$$A=-\boldsymbol{r}^{\alpha}_{1\beta}$$

同理，①式两端点乘 $\boldsymbol{r}_{2}$，可得

$$B=-\Gamma^{\alpha}_{2\beta}$$

①式两端点乘 $\boldsymbol{n}$ 时，得

$$C=b^{\alpha}_{\beta}$$

即
$$\partial_{\beta}\boldsymbol{r}^{\alpha}=(-\Gamma^{\alpha}_{1\beta})\boldsymbol{r}^{i}+(-\Gamma^{\alpha}_{2\beta})\boldsymbol{r}^{2}+b^{\alpha}_{\beta}\boldsymbol{n} \tag{3.51}$$

(3.51)式即为**共轭标架的 Gauss 公式**。

$\Gamma_{\alpha\beta,\lambda}$ 称为曲面上的第一类 Christoffel 符号。

$\Gamma^{\lambda}_{\alpha\beta}$ 称为曲面上的第二类 Christoffel 符号。

我们看到，曲面上的这二类 Christoffel 符号，可以通过曲面上的

度量张量来表示。

2. 曲面的第二、第三基本型

(1) $$\boldsymbol{n}_\beta = \frac{\partial \boldsymbol{n}}{\partial \xi^\beta}$$

因为 $\boldsymbol{n}\cdot\boldsymbol{n}=1$，所以有

$$\boldsymbol{n}_\beta\cdot\boldsymbol{n}+\boldsymbol{n}\cdot\boldsymbol{n}_\beta=0$$

即 $$\boldsymbol{n}\cdot\boldsymbol{n}_\beta=0$$

所以 $$\boldsymbol{n}_\beta\perp\boldsymbol{n}$$

也就是 $\boldsymbol{n}_\beta$ 在曲面上过 $P$ 点的切平面 $\Pi$ 内，如图 3－5 所示。

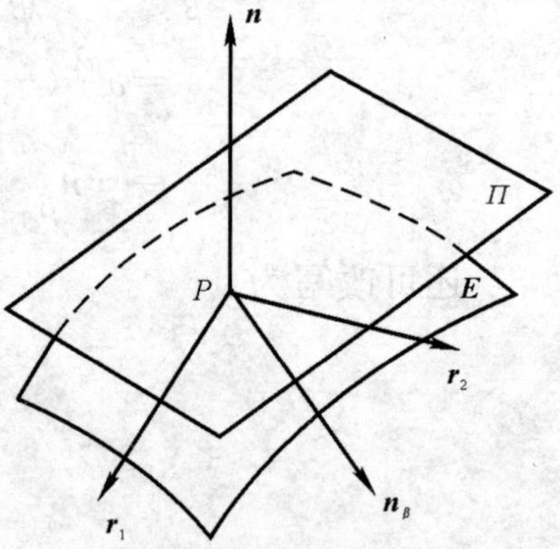


图 3－5

$$\boldsymbol{n}_\beta = C_\beta^\alpha \boldsymbol{r}_\alpha \tag{3.52}$$

两端点乘 $\boldsymbol{r}^\lambda$ 后得

$$C_\beta^\lambda = C_\beta^\alpha \delta_\alpha^\lambda$$

$$C_\beta^\alpha = \boldsymbol{r}^\alpha\cdot\boldsymbol{n}_\beta = -b_\beta^\alpha$$

所以 $$\boldsymbol{n}_\beta = -b_\beta^\alpha \overrightarrow{\boldsymbol{r}}_\alpha \tag{3.53}$$

再进行指标缩并后得

$$\boldsymbol{n}_\beta = -b_{\beta\lambda}\cdot\vec{\boldsymbol{r}}^\lambda$$

(3.53)式称为 Weingarten 公式。

再引进下列记号：

令 $$N_{\alpha\beta}=\boldsymbol{n}_\alpha\cdot\boldsymbol{n}_\beta$$

$$=(-b_{\alpha\lambda}\boldsymbol{r}^\lambda)\cdot(-b_{\beta\sigma}\boldsymbol{r}^\delta)$$

$$=b_{\alpha\lambda}b_{\beta\sigma}\alpha^{\lambda\sigma} \tag{3.54}$$

在微分几何中，将二次型 $b_{\alpha\beta}\mathrm{d}\xi^\alpha\mathrm{d}\xi^\beta$ 记为 $\varphi_2$，称为曲面的第二基本型。

$$\left.\begin{aligned}\varphi_1 &= a_{\alpha\beta}\mathrm{d}\xi^\alpha \mathrm{d}\xi^\beta \quad \text{曲面第一基本型} \\ \varphi_2 &= b_{\alpha\beta}\mathrm{d}\xi^\alpha \mathrm{d}\xi^\beta \quad \text{曲面第二基本型} \\ \varphi_3 &= N_{\alpha\beta}\mathrm{d}\xi^\alpha \mathrm{d}\xi^\beta \quad \text{曲面第三基本型}\end{aligned}\right\} \tag{3.55}$$

所以,(3.54)式即为曲面三个基本型系数之间的关系。

现在可以构成不变量:

$$H = \frac{1}{2}a^{\alpha\beta}b_{\alpha\beta} \tag{3.56}$$

$H$ 称为曲面的平均曲率。

(2)讨论曲面基本型的目的有以下两点

①曲面的存在性。已知:

$$\begin{cases}\varphi_1 = a_{\alpha\beta}\mathrm{d}\xi^\alpha \mathrm{d}\xi^\beta \\ \varphi_2 = b_{\alpha\beta}\mathrm{d}\xi^\alpha \mathrm{d}\xi^\beta\end{cases}$$

相当于曲面上给出两个二阶张量场,相应地是否存在一个曲面 $s$,该曲面 $s$ 是以 $\varphi_1$,$\varphi_2$ 为其第一、第二基本型式。

曲面的存在性,必须通过这组关系来讨论,这时 $a_{\alpha\beta}$,$b_{\alpha\beta}$ 需满足曲面的一些基本方程,Gauss 方程即是其中之一。

②曲面的唯一性。满足两个基本型的曲面只有一个。

可以证明*:确定第一和第二基本型后,除在空间的平移或旋转外,曲面便唯一地确定了。这个定理可精确地表述为:

设 $a_{\alpha\beta}$ 和 $b_{\alpha\beta}$ 是 $\xi^1$ 和 $\xi^2$ 的已知函数,只要 $a_{\alpha\beta}\mathrm{d}\xi^\alpha \mathrm{d}\xi^\beta$ 是正定型且 $a_{\alpha\beta}$ 和 $b_{\alpha\beta}$ 满足 Gauss-Godazzi 方程,则存在以 $a_{\alpha\beta}\mathrm{d}\xi^\alpha \mathrm{d}\xi^\beta$ 和 $b_{\alpha\beta}\mathrm{d}\xi^\alpha \mathrm{d}\xi^\beta$ 分别作为其第一和第二基本型的曲面 $x=^i=x^i(\xi^\alpha)$,且该

---

* L. P. Eisenhart 著《微分几何》(Differential Geometry),第 157～159 页。

曲面在空间是唯一的。

## 3.5 测地线和半测地坐标系

### 1. 测地线(Geodesic 最短线)

在 Euclid 三维空间里，两点之间的直线距离最短，而我们的目的是将这一基本概念推广到 Riemann 空间。

在 $n$ 维的 Riemann 空间 $V_n$ 中，如果度量张量 $g_{ij}$ 是正定的，则由

$$ds^2 = g_{ij}\,dx^i dx^i \tag{3.57}$$

$$ds = \sqrt{g_{ij}\,dx^i dx^j}$$

所得弧微元的平方是正的。

设 $C$ 为连接曲面上二定点 $P_1$ 和 $P_2$ 的曲线：

$$C: x^i = x^i(t) \quad (i=1,2,\cdots,n)$$

考虑该曲线的某一段曲线长度($t_1$ 到 $t_2$)，其值可由下式确定：

$$S = \int_{t_1}^{t_2} ds = \int_{t_1}^{t_2} \sqrt{g_{ij}\,\dot{x}^i \dot{x}^j}\,dt \tag{3.58}$$

经过两定点所有曲线中，沿曲线所测距离取极值的曲线(短程线)，称为曲面上的**测地线**。

设
$$F = \sqrt{g_{ij}\,\dot{x}^i \dot{x}^j} \tag{3.59}$$

则 $S = \int_{t_1}^{t_2} F dt$ 即为曲面上 $P_1P_2$ 之间的弧长。

式中，泛函 $F = F(t, x^1(t), \cdots, x^n(t), \dot{x}^1(t) \cdots \dot{x}^n(t))$。

将变分法中的 Euler 方程用于(3.58)式，即可求得测地线的微

分方程组。

对于 $S$ 相应的 Euler 方程为

$$\frac{\mathrm{d}}{\mathrm{d}t}\left(\frac{\partial F}{\partial \dot{x}^i}\right)-\frac{\partial F}{\partial x^i}=0 \quad (i=1,2,\cdots,n) \tag{3.60}$$

从 $F^2=g_{ij}\dot{x}^i\dot{x}^j$ 得

$$\frac{\partial F}{\partial \dot{x}^i}=\frac{g_{ij}}{2F}\dot{x}^j$$

$$\frac{\partial F}{\partial x^i}$$

$$g_{ij}\dot{x}^i\dot{x}^j \Rightarrow g_{mn}\dot{x}^m\dot{x}^n$$

$$\frac{\partial F}{\partial x^i}=\frac{\dfrac{\partial g_{mn}}{\partial x^i}\dot{x}^m\dot{x}^n}{2F} \quad ①$$

注意到

$$\Gamma_{mn,i}=\frac{1}{2}\left(\frac{\partial g_{in}}{\partial x^m}+\frac{\partial g_{im}}{\partial x^n}-\frac{\partial g_{mn}}{\partial x^i}\right)$$

$$\frac{\mathrm{d}}{\mathrm{d}t}\left(\frac{\partial F}{\partial \dot{x}^i}\right)=\frac{\mathrm{d}}{\mathrm{d}t}\left(\frac{g_{ij}\dot{x}^j}{F}\right)=\frac{\mathrm{d}g_{ij}}{\mathrm{d}t}\frac{\dot{x}^j}{F}+\frac{g_{ij}}{F}\ddot{x}^j-\frac{\dfrac{\mathrm{d}F}{\mathrm{d}t}g_{ij}\dot{x}^j}{F^2}$$

$$=\frac{1}{2}\frac{\partial g_{in}}{\partial x^m}\frac{\dot{x}^n\dot{x}^m}{F}+\frac{1}{2}\frac{\partial g_{in}}{\partial x^m}\dot{x}^n\dot{x}^m+$$

$$\frac{1}{F}g_{ij}\ddot{x}^j-\frac{\dfrac{\mathrm{d}F}{\mathrm{d}t}}{F^2}g_{ij}\dot{x}^j \quad ②$$

将①式、②式代入(3.6)式，并选取 $t=s, F=\frac{\mathrm{d}s}{\mathrm{d}t}=1, \frac{\mathrm{d}F}{\mathrm{d}t}=0$，并注意到 $\Gamma_{mn,i}$ 的表达式，这时由

$$\frac{\mathrm{d}}{\mathrm{d}t}\left(\frac{\partial F}{\partial \dot{x}^{i}}\right)-\frac{\partial F}{\partial x^{i}}=0 \tag{3.60}$$

可得

$$g_{ij}\ddot{x}^{i}+\dot{x}^{n}\dot{x}^{m}\Gamma_{mn,i}=0 \tag{3.61}$$

将$\Gamma_{mn,i}$再点积$g^{ki}$，进行缩并。推导出$\Gamma^{k}_{mn}$，这样(3.61)式还可改写为

$$\frac{\mathrm{d}^{2}x^{k}}{\mathrm{d}s^{2}}+\Gamma^{k}_{mn}\frac{\mathrm{d}x^{m}}{\mathrm{d}s}\frac{\mathrm{d}x^{n}}{\mathrm{d}s}=0\quad(k=1,2,\cdots,n) \tag{3.62}$$

方程组(3.61)式和(3.62)式是测地线所应满足的微分方程组。它们是由$n$个二阶微分方程组成的。

我们由微分方程的理论得知：如果在任一点给定$x^{i}$和$\mathrm{d}x^{i}/\mathrm{d}s$的初值，便唯一地确定一解$x^{i}=x^{i}(s)$。其几何意义是按给定方向通过空间任一点，有唯一测地线。上面曾经用通过两点的曲线定义测地线；但这样的测地线可能并不是唯一的，除非这两点足够接近。唯一性问题现在同空间$V_n$的拓扑性质有关。例如通过球面上两点有唯一的测地线，除非这两点正在一个直径的两端，在后一种情况下，通过这两点的所有大圆都是测地线。

对于Euclid空间，采用直角Decartes座标Christoffel符号都是零。因此测地线的方程是$\mathrm{d}^{2}x^{k}/\mathrm{d}s^{2}=0$，其解为$x^{k}=A^{k}S+B^{k}$，这里$A^{k}$和$B^{k}$是常向量，换句话说，这时测地线是直线。

### 2. 法向测地线(以三维空间为例)

在三维Euclid空间或Riemann空间$\mathbf{V}_3$中，对任一个二维光滑曲面$V_2$选取Gauss坐标系$(\xi^{1},\xi^{2})$，该曲面$V_2$在曲线坐标系$(x^{2})$中，可表示为

$$x^i = x^i(\xi^1, \xi^2) \quad (i=1,2,3)$$

上式中 $\xi^1, \xi^2$ 历遍某一连通域 $\Omega_\xi$，函数 $x^i$ 充分光滑且满足下列条件：

$$\begin{bmatrix} \dfrac{\partial x^1}{\partial \xi^1} & \dfrac{\partial x^2}{\partial \xi^1} & \dfrac{\partial x^3}{\partial \xi^1} \\ \dfrac{\partial x^1}{\partial \xi^2} & \dfrac{\partial x^2}{\partial \xi^2} & \dfrac{\partial x^3}{\partial \xi^2} \end{bmatrix} \tag{3.63}$$

上述这个矩阵的秩为 2。

①曲面 $V_3$ 上每一点 $M$ 都有一定的单位法向量 $\boldsymbol{n}$，通过点 $M$ 及 $\boldsymbol{n}$ 所作的测地线称为曲面 $V_2$ 的法向测地线，以 $s$ 作为它的弧长，在 Euclid 空间中，上述测地线为直线。

在连通域 $\Omega_\xi$ 中给定$(\xi^1, \xi^2)$和一个适当小的 $s$ 后，对应地在曲面 $V_2$ 上确定了一个点 $M$，以及在过 $M$ 点的法向测地线上一个点 $L$，而 $\overset{\frown}{ML}=s$。所以 $L$ 点的坐标就是 $\xi^1, \xi^2$ 和 $s$ 的单值函数：

$$x^i = x^i(\xi^1, \xi^2, s)$$

显然，它是满足下列测地线方程组和初始条件的解：

$$\left.\begin{aligned} & \frac{\mathrm{d}^2 x^i}{\mathrm{d}t^2} + \Gamma^i_{jk} \frac{\mathrm{d}x^j}{\mathrm{d}t} \cdot \frac{\mathrm{d}x^k}{\mathrm{d}t} = 0 \\ & x^i \big|_{t=0} = x^i_0 \\ & \frac{\mathrm{d}x^i}{\mathrm{d}t} \bigg|_{t=0} = \frac{\mathrm{d}x^i}{\mathrm{d}\beta} \bigg|_{s=0} \end{aligned}\right\} \tag{3.64}$$

②当 $s$ 在 0 附近的某一小区间内选定，且 $\xi^\alpha$ 跑遍连通域 $\Omega_\xi$，$L$ 点的轨迹是一个曲面称为 $V_2$ 的测地平行平面。只要 $s$ 相当小，$V_2$ 及其测地平行平面，有个公共的法向测地线。

当 $s=0$，$L$ 点与 $M$ 点重合，$s$ 变动时，$L$ 沿法向测地线移动。

### 3. 半测地坐标系

从讨论法向测地线中，可以取 $(\xi^\alpha, s)$ 作为新的曲线坐标系。在 $V_2$ 的领域中可建立 $x^i$ 与 $\xi^\alpha$，$s$ 间的一一对应关系。可以证明，只要 $s$ 适当小，坐标变换的 Jacobi 行列式不等于零，即

$$\frac{\mathrm{D}(x^1, x^2, x^3)}{\mathrm{D}(\xi^1, \xi^2, s)} = \begin{vmatrix} \dfrac{\partial x^1}{\partial \xi^1} & \dfrac{\partial x^2}{\partial \xi^1} & \dfrac{\partial x^3}{\partial \xi^1} \\ \dfrac{\partial x^1}{\partial \xi^2} & \dfrac{\partial x^2}{\partial \xi^2} & \dfrac{\partial x^3}{\partial \xi^2} \\ \dfrac{\partial x^1}{\partial s} & \dfrac{\partial x^2}{\partial s} & \dfrac{\partial x^3}{\partial s} \end{vmatrix} \neq 0 \tag{3.65}$$

满足上述条件的坐标系称为**半测地坐标系**，也可以证明：一个坐标系是半测地坐标系的充要条件是该坐标系的度量张量满足以下条件：

$$g_{13} = g_{23} = g_{31} = g_{32} = 0, \quad g_{23} = 1 \tag{3.66}$$

空间曲面 $V_2$ 及其邻域中，任一点 $M$ 即是曲面上的点，可用 $(\xi^\alpha, s)$ 坐标系表示，并有相应的度量张量；又是空间的点，也可用 $x^i$ 坐标系表示，亦有相应的度量张量，这两种标架与度量张量之间有什么关系，下面将分别予以讨论。

(1)度量张量

如前所述，$V_2$ 空间中的坐标系为 $x^i$，空间曲面 $V_2$ 上的坐标系为 $\xi^\alpha$。曲面 $V_2$ 上某一定点 $M$ 到 $x^i$ 坐标系原点的矢径为 $\boldsymbol{R}$。

在 $V_3$ 中，标架为 $\quad \boldsymbol{e}_i = \dfrac{\partial \boldsymbol{R}}{\partial x^i}$

度量张量为 $\quad \boldsymbol{g}_{ij} = \boldsymbol{e}_i \cdot \boldsymbol{e}_j$

在 $V_2$ 中：

局部标架为
$$\boldsymbol{e}_{\alpha}=\frac{\partial \boldsymbol{R}}{\partial \xi^{\alpha}}$$

度量张量为
$$\boldsymbol{a}_{\alpha\beta}=\boldsymbol{e}_{\alpha}\cdot\boldsymbol{e}_{\beta}$$

得

$$\boldsymbol{a}_{\alpha\beta}=\frac{\partial \boldsymbol{R}}{\partial \xi^{\alpha}}\cdot\frac{\partial \boldsymbol{R}}{\partial \xi^{\beta}}=\boldsymbol{g}_{ij}\frac{\partial \boldsymbol{x}^{i}}{\partial \xi^{\alpha}}\cdot\frac{\partial \boldsymbol{x}^{i}}{\partial \xi^{\beta}}$$

当 $x^i$ 坐标系是半测地坐标系时，即

$$x^1=\xi^1,\quad x^2=\xi^2,\quad x^3=s \tag{3.67}$$

有　$a_{11}=g_{11},\quad a_{22}=g_{12},\quad a_{21}=g_{21},\quad a_{22}=g_{22}$

或
$$a_{\alpha\beta}=g_{\alpha\beta}\quad(\alpha,\beta=1,2) \tag{3.68}$$

以及

$$g_{31}=g_{13}=g_{32}=g_{23}=0,\quad g_{33}=1 \tag{3.69}$$

这样，半测地坐标系的度量张量行列式 $g$ 与曲面上 Gauss 坐标系的度量张量行列式 $a$ 相等。

$$g=\begin{vmatrix} g_{11} & g_{12} & g_{13} \\ g_{21} & g_{22} & g_{33} \\ g_{31} & g_{32} & g_{33} \end{vmatrix}=\begin{vmatrix} a_{11} & a_{12} & 0 \\ a_{21} & a_{22} & 0 \\ 0 & 0 & 1 \end{vmatrix}$$

$$=\begin{vmatrix} a_{11} & a_{12} \\ a_{21} & a_{22} \end{vmatrix}=a \tag{3.70}$$

又
$$a^{\alpha\beta}a_{\beta\gamma}=\delta^{\alpha}_{\gamma},\quad g^{ij}g_{jk}=\delta^{i}_{k} \tag{3.71}$$

得
$$[a^{\alpha\beta}]=\begin{bmatrix} a_{11} & a_{12} \\ a_{21} & a_{22} \end{bmatrix}^{-1} \tag{3.72}$$

$$[g^{ij}]=\begin{bmatrix} a_{11} & a_{12} & 0 \\ a_{21} & a_{22} & 0 \\ 0 & 0 & 1 \end{bmatrix}^{-1} \tag{3.73}$$

即

$$\left.\begin{aligned} &a^{11}=a_{22}/a,\quad a^{22}=a_{11}/a,\quad a^{12}=a^{22}=-a_{22}/a \\ &g^{11}=a_{11},\quad g^{22}=a^{22},\quad g^{12}=g^{21}=a^{12}=a^{21} \\ &g^{12}=g_{23}=g^{31}=g^{32}=0,\quad g^{22}=\frac{1}{g_{22}}=1 \end{aligned}\right\} \tag{3.74}$$

(2)局部标架

曲面 $V_2$ 上的局部标架为($\boldsymbol{e}_1,\boldsymbol{e}_2$),其共轭标架为($\boldsymbol{e}^1,\boldsymbol{e}^2$),则

$$\boldsymbol{e}^{\alpha}=a^{\alpha\beta}\boldsymbol{e}_{\beta}=g^{\alpha\beta}\boldsymbol{e}_{\beta}\quad(\alpha,\beta=1,2) \tag{3.75}$$

曲面 $V_2$ 上单位法矢量 $\boldsymbol{n}$ 与 $\boldsymbol{e}_1,\boldsymbol{e}_2$ 组成右旋系统($\boldsymbol{e}_1,\boldsymbol{e}_2,\boldsymbol{n}$),称为 $V_2$ 上的相伴标架,它也是 $V_2$ 中半测地坐标系的局部标架,即 $\boldsymbol{e}_3=\boldsymbol{n}$。下面将说明它的共轭标架是($\boldsymbol{e}^1,\boldsymbol{e}^2,\boldsymbol{n}$)。

从(3.75)式可以看出,$\boldsymbol{e}^1,\boldsymbol{e}^2$ 也是半测地坐标系局部标架的共轭标架。

而
$$\boldsymbol{e}^3=g^{3i}\boldsymbol{e}_i=\boldsymbol{e}_3=\boldsymbol{n}\quad(i=1,2,3) \tag{3.76}$$

从(3.24)式可知,共轭局部标架与局部标架有下列关系:

$$\left.\begin{aligned} \boldsymbol{e}_1&=\frac{\boldsymbol{e}_2\times\boldsymbol{n}}{\sqrt{g}}=\frac{\boldsymbol{e}_2\times\boldsymbol{n}}{\sqrt{a}} \\ \boldsymbol{e}_2&=\frac{\boldsymbol{n}\times\boldsymbol{e}_1}{\sqrt{g}}=\frac{\boldsymbol{n}\times\boldsymbol{e}_1}{\sqrt{a}} \\ \boldsymbol{e}_3&=\frac{\boldsymbol{e}_1\times\boldsymbol{e}_2}{\sqrt{g}}=\frac{\boldsymbol{e}_1\times\boldsymbol{e}_2}{\sqrt{a}} \end{aligned}\right\} \tag{3.77}$$

(3)切平面内向量的内积、长度、夹角

曲面上任一向量 $\boldsymbol{v}$ 可展开为

$$\boldsymbol{v}=v^{\alpha}\boldsymbol{e}_{\alpha}+v^{3}\boldsymbol{n}=v_{\alpha}\boldsymbol{e}^{\alpha}+v_{3}\boldsymbol{n}\quad(\alpha=1,2) \tag{3.78}$$

式中

$$v^{\alpha}=\boldsymbol{v}\cdot\boldsymbol{e}^{\alpha}=a^{\alpha\beta}v_{\beta}$$

$$v_{\alpha}=\boldsymbol{v}\cdot\boldsymbol{e}_{\alpha}=a_{\alpha\beta}v^{\beta}$$

$$v^{3}=v_{3}=\boldsymbol{v}\cdot\boldsymbol{n}$$

曲面上切平面内任意向量 $\boldsymbol{u},\boldsymbol{v}$ 可展开为

$$\boldsymbol{u}=u^{\beta}\boldsymbol{e}_{\beta}$$

$$\boldsymbol{v}=v^{\alpha}\boldsymbol{e}_{\alpha}$$

$$\boldsymbol{u}\cdot\boldsymbol{v}=a_{\alpha\beta}v^{\alpha}u^{\beta}=|\boldsymbol{u}||\boldsymbol{v}|\cos(\boldsymbol{u},\boldsymbol{v}) \tag{3.79}$$

而
$$|\boldsymbol{u}|=\sqrt{\boldsymbol{u}\cdot\boldsymbol{u}}=\sqrt{a_{\alpha\beta}u^{\alpha}u^{\beta}}$$

所以
$$\cos(\boldsymbol{u},\boldsymbol{v})=a_{\alpha\beta}v^{\alpha}u^{\beta}/\sqrt{a_{\alpha\beta}u^{\alpha}u^{\beta}}\sqrt{a_{\alpha\beta}v^{\alpha}v^{\beta}} \tag{3.80}$$

而
$$\cos(\boldsymbol{e}_1,\boldsymbol{e}_2)=a_{12}/\sqrt{a_{11}a_{22}}$$

$$a=a_{11}a_{22}-a_{12}^{2}=a_{11}a_{22}\sin^{2}(\boldsymbol{e}_1,\boldsymbol{e}_2)$$

(4)曲面上曲线的方向数、夹角

曲面上任一曲线 $l_1$,其弧长为 $s_1$,则

$$\mathrm{d}s_1^{2}=a_{\alpha\beta}\mathrm{d}\xi^{\alpha}\mathrm{d}\xi^{\beta} \tag{3.81}$$

或

$$a_{\alpha\beta}\frac{\mathrm{d}\xi^{\alpha}}{\mathrm{d}s_1}\frac{\mathrm{d}\xi^{\beta}}{\mathrm{d}s_2}=I \tag{3.82}$$

(3.82)式中 $\frac{\mathrm{d}\xi^{\alpha}}{\mathrm{d}s_1}$ 为 $l_1$ 曲线切向量的方向数,为简化,记为

$$\frac{d\xi^\alpha}{ds_1}=\lambda^\alpha,\quad a_{\alpha\beta}\lambda^\alpha=\lambda^\beta$$

则
$$a_{\alpha\beta}\lambda^\alpha\lambda^\beta=I$$

或
$$\lambda^\alpha\lambda_\alpha=I$$

由曲面上某一点 $M$ 在 Descartes 坐标系 $\{y^i\}$ 内的矢径 $\boldsymbol{R}=y^1\boldsymbol{i}+y^2\boldsymbol{j}+y^3\boldsymbol{k}$,可得曲面上的度量张量为

$$a_{\alpha\beta}=\boldsymbol{e}_\alpha\cdot\boldsymbol{e}_\beta=\frac{\partial\boldsymbol{R}}{\partial\xi^\alpha}\cdot\frac{\partial\boldsymbol{R}}{\partial\xi^\beta}=\sum_{i=1}^{3}\frac{\partial y^i}{\partial\xi^\alpha}\cdot\frac{\partial y^i}{\partial\xi^\beta}\tag{3.83}$$

曲面上另一曲线 $l_2$,其弧长为 $s_2$,切向量的方向数为 $\mu^\alpha=\dfrac{d\xi^\alpha}{ds_2}$,曲线 $l_1$ 和 $l_2$ 的方向余弦分别为$\dfrac{dy^i}{ds_1}$和$\dfrac{dy^i}{ds_2}$,于是有

$$\cos(l_1,l_2)=\sum_{i=1}^{3}\frac{dy^i}{ds_1}\frac{dy^i}{ds_2}=\sum_{i=1}^{3}\frac{dy^i}{d\xi^\alpha}\frac{d\xi^\alpha}{ds_1}\frac{dy^i}{d\xi^\beta}\frac{d\xi^\beta}{ds_2}\tag{3.84}$$

得

$$\cos(l_1,l_2)=a_{\alpha\beta}\lambda^\alpha\mu^\beta\tag{3.85}$$

如 $l_1$ 和 $l_2$ 正交,则

$$a_{\alpha\beta}\lambda^\alpha\mu^\beta=0\tag{3.86}$$

或
$$\lambda^\alpha\mu_\alpha=0$$

式中
$$\mu_\alpha=a_{\alpha\beta}\mu^\beta\tag{3.87}$$

## 3.6 曲面上曲线的曲率

### 1. 曲率与曲率半径

曲面上曲线 $L$,沿其弧长 $s$ 对矢径 $\boldsymbol{r}$ 微分可得 $L$ 的切向量 $\boldsymbol{s}$ 为

$$\boldsymbol{s}=\frac{\mathrm{d}\boldsymbol{r}}{\mathrm{d}s}=s^{\alpha}\boldsymbol{r}_{\alpha},\quad s^{\alpha}=\frac{\mathrm{d}\xi^{\alpha}}{\mathrm{d}s} \tag{3.88}$$

利用 Gauss 公式可得

$$\begin{aligned}\frac{\mathrm{d}\boldsymbol{s}}{\mathrm{d}s}&=\frac{\mathrm{d}^{2}\boldsymbol{r}}{\mathrm{d}s^{2}}=\boldsymbol{r}_{\alpha}\frac{\mathrm{d}^{2}\xi^{\alpha}}{\mathrm{d}s^{2}}+\boldsymbol{r}_{\alpha\beta}s^{\alpha}s^{\beta}\\&=\left(\frac{\mathrm{d}^{2}\xi^{\lambda}}{\mathrm{d}s^{2}}+\Gamma_{\alpha\beta}^{\lambda}s^{\alpha}s^{\beta}\right)\boldsymbol{r}_{\lambda}+b_{\alpha\beta}s^{\alpha}s^{\beta}\boldsymbol{n}\end{aligned} \tag{3.89}$$

或
$$\frac{\mathrm{d}\boldsymbol{s}}{\mathrm{d}s}=g^{\lambda}\boldsymbol{r}_{\lambda}+b_{\alpha\beta}s^{\alpha}s^{\beta}\boldsymbol{n} \tag{3.90}$$

式中
$$g^{\lambda}\stackrel{\mathrm{def}}{=\!=\!=}\frac{\mathrm{d}^{2}\xi^{\lambda}}{\mathrm{d}s^{2}}+\Gamma_{\alpha\beta}^{\lambda}s^{\alpha}s^{\beta} \tag{3.91}$$

由 $\boldsymbol{s}\cdot\boldsymbol{s}=1$，得

$$\frac{\mathrm{d}\boldsymbol{s}}{\mathrm{d}s}\cdot\boldsymbol{s}=0 \tag{3.92}$$

所以，向量$\frac{\mathrm{d}\boldsymbol{s}}{\mathrm{d}s}$是沿 $L$ 的法线方向，并指向 $L$ 的内侧，称为曲线 $L$ 的主法向，如图 3-6 所示，其单位向量记为 $\boldsymbol{m}$，则

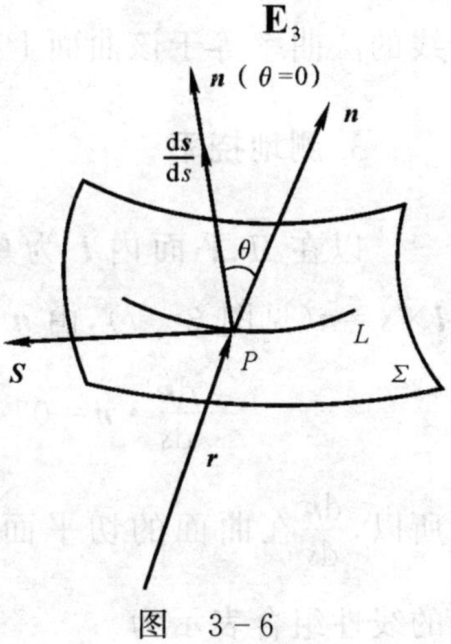

图　3-6

$$\frac{\mathrm{d}\boldsymbol{s}}{\mathrm{d}s}=\frac{\mathrm{d}^{2}\boldsymbol{r}}{\mathrm{d}s^{2}}=k\boldsymbol{m}\quad(k\geqslant0) \tag{3.93}$$

式中，$k$ 称为曲线 $L$ 的曲率，$\frac{1}{k}=\rho$ 为曲线 $L$ 的曲率半径。

## 2. 法曲率与法向曲率向量

从(3.90)式和(3.93)式得

$$k\boldsymbol{m}=g^{\lambda}\boldsymbol{r}_{\lambda}+b_{\alpha\beta}s^{\alpha}s^{\beta}\boldsymbol{n} \tag{3.94}$$

与 $\boldsymbol{n}$ 作内积，得

$$k\boldsymbol{m}\cdot n=b_{\alpha\beta}s^{\alpha}s^{\beta}=k_{s} \tag{3.95}$$

若主法线 $\boldsymbol{m}$ 与曲面法线 $\boldsymbol{n}$ 的夹角为 $\theta$，则

$$k_{s}=k\cos\theta \tag{3.96}$$

因此，称 $k_s$ 为曲面 $\Sigma$ 上曲线 $L$ 的法向曲率；$k_s\boldsymbol{n}$ 为法曲率向量。

当曲线 $L$ 为曲面上的测地线时，$g^{\lambda}=0(\lambda=1,2)$，于是有

$$k\boldsymbol{m}=k_{s}\boldsymbol{n}$$

得

$$\boldsymbol{m}=\boldsymbol{n},\quad k=k_{s} \tag{3.97}$$

即测地线的主法向与曲面法向一致，也就是 $\theta=0°$，这时 $k=k_s$，测地线的法曲率等于该曲面上曲线 $L$ 的曲率。

**3. 测地挠率**

以在 $\Pi$ 平面内 $\boldsymbol{l}$ 为单位向量，且 $\boldsymbol{l}\times\boldsymbol{s}=\boldsymbol{n}$（见图 3-7），由 $\boldsymbol{n}\cdot\boldsymbol{n}=1$，得

$$\frac{\mathrm{d}\boldsymbol{n}}{\mathrm{d}s}\cdot\boldsymbol{n}=0 \tag{3.98}$$

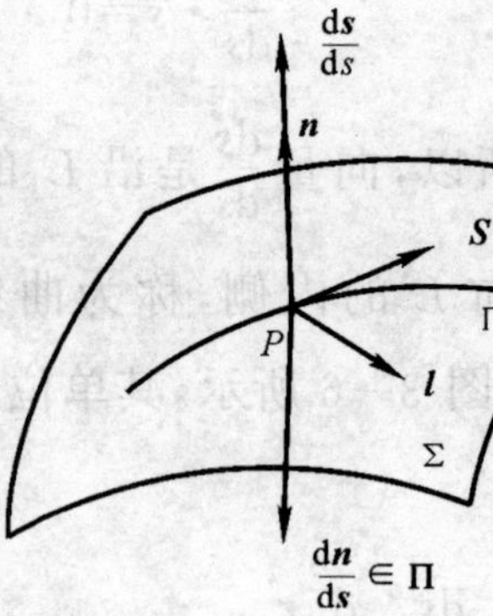

图 3-7

所以，$\frac{\mathrm{d}\boldsymbol{n}}{\mathrm{d}s}$ 在曲面的切平面内，可用 $\boldsymbol{s},\boldsymbol{l}$ 的线性组合表示为

$$\frac{\mathrm{d}\boldsymbol{n}}{\mathrm{d}s}=\alpha_{1}\boldsymbol{s}+\beta_{1}\boldsymbol{l} \tag{3.99}$$

将上式分别与 $\boldsymbol{s},\boldsymbol{l}$ 作内积，并利用 Weingarten 公式得

$$\alpha_{1}=\boldsymbol{s}\cdot\frac{\mathrm{d}\boldsymbol{n}}{\mathrm{d}s}=\boldsymbol{s}\cdot\boldsymbol{n}_{\alpha}\frac{\mathrm{d}\xi^{\alpha}}{\mathrm{d}s} \tag{3.100}$$

$$=-\boldsymbol{s}\cdot\boldsymbol{r}^{\beta}b_{\alpha\beta}s^{\alpha}=-b_{\alpha\beta}s^{\alpha}s^{\beta}=-k_s$$

$$\beta_1=\boldsymbol{l}\cdot\frac{\mathrm{d}\boldsymbol{n}}{\mathrm{d}s}=-\boldsymbol{l}\cdot\boldsymbol{r}^{\alpha}b_{\alpha\beta}s^{\beta}=-b_{\alpha\beta}l^{\alpha}s^{\beta}=\tau_s$$

其中

$$l^{\alpha}=\boldsymbol{l}\cdot\boldsymbol{r}^{\alpha}$$

故

$$\frac{\mathrm{d}\boldsymbol{n}}{\mathrm{d}s}=-k_s\boldsymbol{s}+\tau_s\boldsymbol{l} \tag{3.101}$$

因此，称 $\tau_s$ 为曲线在 $\boldsymbol{s}$ 方向上的测地挠率，它可正可负，不同于曲率(曲率是向量的长度，本质上是正的)。

**4. 测地曲率**

用与求$\frac{\mathrm{d}\boldsymbol{n}}{\mathrm{d}s}$相类似的方法，可求得

$$\left.\begin{aligned}\frac{\mathrm{d}\boldsymbol{l}}{\mathrm{d}s}&=k_g\boldsymbol{s}-\tau_s\boldsymbol{n}\\ \frac{\mathrm{d}\boldsymbol{s}}{\mathrm{d}s}&=-k_g\boldsymbol{l}+k_s\boldsymbol{n}\end{aligned}\right\} \tag{3.102}$$

式中，$k_g$ 为该曲线的测地曲率，为计算其值，可将(3.102)式与 $\boldsymbol{l}$ 求内积，并将(3.90)式代入，可得

$$-k_g=\boldsymbol{l}\cdot\frac{\mathrm{d}\boldsymbol{s}}{\mathrm{d}s}=\boldsymbol{l}\cdot(g^{\lambda}\boldsymbol{r}_{\lambda})=l_{\lambda}g^{\lambda} \tag{3.103}$$

结合(3.93)式得

$$k\boldsymbol{m}=-k_g l+k_s\boldsymbol{n} \tag{3.104}$$

再与 $\boldsymbol{l}$ 求内积，得

$$-k_g=k\boldsymbol{m}\cdot\boldsymbol{l}=k\sin\theta$$

而

$$k_s=k\cos\theta$$

所以

$$k^2=k_s^2+k_g^2 \tag{3.105}$$

对于测地线 $k=k_s$，也就是说，测地线上每点的测地曲率 $k_g$ 均为零。

## 3.7 曲面的主方向和主曲率

测地挠率为零(即 $\tau_s=0$)的方向称为曲面的主方向，这时

$$\frac{\mathrm{d}\boldsymbol{n}}{\mathrm{d}s}=-k_s\boldsymbol{s} \tag{3.106}$$

根据 Weingarten 公式，有

$$\frac{\mathrm{d}\boldsymbol{n}}{\mathrm{d}s}=\boldsymbol{n}_\beta\frac{\mathrm{d}\xi^\beta}{\mathrm{d}s}=-b_{\beta\alpha}\boldsymbol{r}^\alpha s^\beta=-b_{\alpha\beta}s^\beta\boldsymbol{r}^\alpha \tag{3.107}$$

因而

$$b_{\alpha\beta}s^\beta\boldsymbol{r}^\alpha=k_s\boldsymbol{s}=k_s s_\alpha\boldsymbol{r}^\alpha=k_s a_{\alpha\beta}s^\beta\boldsymbol{r}^\alpha \tag{3.108}$$

或

$$(b_{\alpha\beta}s^\beta-k_s a_{\alpha\beta}s^\beta)\boldsymbol{r}^\alpha=0 \tag{3.109}$$

即

$$\left|b_{\alpha\beta}-k_s a_{\alpha\beta}\right|=0 \tag{3.110}$$

两边乘以 $a^{\alpha\sigma}$，得

$$\left|b_\beta^\sigma-k_s\delta_\beta^\sigma\right|=0 \tag{3.111}$$

(3.111)式可表示为

$$\begin{vmatrix} b_1^1-k_s & b_1^2 \\ b_2^1 & b_2^2-k_s \end{vmatrix}=0 \tag{3.112}$$

展开为

$$k_s^2-2Hk_s+k=0 \tag{3.113}$$

其中

$$\left.\begin{aligned} 2H &= b_{\alpha}^{\alpha} = a^{\alpha\beta} b_{\beta\alpha} \\ k &= b_1^1 b_2^2 - b_2^1 b_1^2 \\ &= \frac{1}{2}\varepsilon_{\alpha\beta}\varepsilon^{\lambda\sigma} b_{\lambda}^{\alpha} b_{\sigma}^{\beta} \\ &= \frac{1}{2}\varepsilon^{\alpha\beta}\varepsilon^{\lambda\sigma} b_{\alpha\lambda} b_{\beta\sigma} \\ &= \frac{b_{11}b_{22} - b_{12}^2}{a_{11}a_{22} - a_{12}^2} \end{aligned}\right\} \tag{3.114}$$

显然 $H, k$ 均为不变量。

在主方向上，法曲率 $k_s$ 应满足下式：

$$k_s = H \pm \sqrt{H^2 - k} \tag{3.115}$$

$$\begin{aligned} H^2 - k &= \frac{1}{4}(b_1^1 + b_2^2)^2 - b_1^1 b_2^2 + b_1^2 b_2^1 \\ &= \frac{1}{4}(b_1^1 - b_2^2)^2 + (b)^2 \geqslant 0 \end{aligned}$$

所以，曲面上任一点一般有两个主方向，其法曲率分别为

$$\begin{aligned} k_1 &= H + \sqrt{H^2 - k} \\ k_2 &= H - \sqrt{H^2 - k} \end{aligned} \tag{3.116}$$

当 $H^2 = k$ 时，两个主方向重合。

主方向上的法曲率为主曲率。由(3.116)式可得

$$\left.\begin{aligned} H &= \frac{1}{2}(k_1 + k_2) \\ k &= k_1 k_2 \end{aligned}\right\} \tag{3.117}$$

式中，$H$ 为曲面的平均曲率，它是主方向上法曲率的算术平均值；$k$

为曲面的全曲率或 Gauss 曲率，它是主方向上法曲率的乘积。

曲面上两个主方向是相互正交的。证明如下：

设 $\boldsymbol{s}_1,\boldsymbol{s}_2$ 为两个主方向，从(3.108)式可得

$$k_1\boldsymbol{s}_1=b^{\alpha\beta}s'_\beta\boldsymbol{r}_\beta$$

$$k_2\boldsymbol{s}_2=b^{\alpha\beta}s^H_\beta\boldsymbol{r}\beta$$

式中，$s'_\beta,s''_\beta$ 分别为 $\boldsymbol{s}_1,\boldsymbol{s}_2$ 的协变张量。

以 $\boldsymbol{s}_2,\boldsymbol{s}_1$ 分别与上两式作内积，再相减，得

$$(k_2-k_1)\boldsymbol{s}_1\cdot\boldsymbol{s}_2=0 \tag{3.118}$$

在一般情况下，$H^2\neq k$，即 $k_1\neq k_2$，故 $\boldsymbol{s}_1\cdot\boldsymbol{s}_2=0$，即两者正交。

## 3.8 曲面张量的微分和导数

### 1. 协变导数，逆变导数

用和仿射空间类同的方法，定义二维 Riemann 空间的张量。

例如：$q$ 阶逆变，$p$ 阶协变的混合张量，当坐标变换时，满足以下变换规律：

$$a^{\alpha'_1\alpha'_2\cdots\alpha'_{q'}}_{\beta'_1\beta'_2\cdots\beta'_{p'}}=D^{\beta_1}_{\beta'_1}D^{\beta_2}_{\beta'_2}\cdots D^{\beta_p}_{\beta'_p}D^{\alpha'_1}_{\alpha_1}D^{\alpha'_2}_{\alpha_2}\cdots D^{\alpha'_q}_{\alpha_q}a^{\alpha_1\alpha_2\cdots\alpha_q}_{\beta_1\beta_2\cdots\beta_p} \tag{3.119}$$

协变导数仍类同于仿射空间，可用曲面上的 Christoffel 符号来表示：

$$\left.\begin{aligned}\boldsymbol{\nabla}_\beta A_\alpha&=\partial_\beta A_\alpha-\Gamma^\lambda_{\alpha\beta}A_\lambda\\ \boldsymbol{\nabla}_\beta A^\alpha&=\partial_\beta A^\alpha-\Gamma^\alpha_{\beta\lambda}A^\lambda\end{aligned}\right\} \tag{3.120}$$

二阶混合张量协变导数为

$$\nabla_\lambda f^{\alpha}_{\ \beta} \stackrel{\text{def}}{=\!=\!=} \partial_\lambda f^{\alpha}_{\ \cdot\beta} + \Gamma^{\alpha}_{\lambda\sigma} f^{\sigma}_{\ \cdot\beta} - \Gamma^{\sigma}_{\lambda\beta} f^{\alpha}_{\ \cdot\sigma} \tag{3.121}$$

而其度量张量和行列式张量的协变导数均为零，即

$$\left.\begin{array}{l} \nabla_\lambda a_{\alpha\beta}=0,\ \nabla_\lambda a^{\alpha\beta}=0,\ \nabla_\lambda \delta^{\alpha}_{\beta}=0 \\ \nabla_\lambda \varepsilon_{\alpha\beta}=0,\ \nabla_\lambda \varepsilon^{\alpha\beta}=0,\ \nabla_\lambda \varepsilon^{\alpha}_{\ \cdot\beta}=0 \\ \nabla_\lambda \varepsilon_{\beta\cdot}^{\ \cdot\alpha}=0 \end{array}\right\} \tag{3.122}$$

下面再引进一个新的概念。

逆变导数：

$$\nabla^\lambda a^{\beta_1\beta_2\cdots\beta_q}_{\alpha_1\alpha_2\cdots\alpha_p} \stackrel{\text{def}}{=\!=\!=} a^{\lambda\sigma}\nabla_\sigma a^{\beta_1\beta_2\cdots\beta_q}_{\alpha_1\alpha_2\cdots\alpha_p} \tag{3.123}$$

**2. Gauss 公式**

向量 **A** 的散度为

$$\mathrm{div}\mathbf{A}=\nabla_\alpha A^\alpha=\partial_\alpha A^\alpha+\Gamma^{\alpha}_{\beta\alpha}A^\beta=\frac{1}{\sqrt{a}}\partial_\alpha(\sqrt{a}A^\alpha) \tag{3.124}$$

类同于 Euclid 空间，Gauss 公式仍成立：

$$\iint_\Omega \mathrm{div}\mathbf{A}\mathrm{d}\Omega=\oint_L A^\alpha l_\alpha \mathrm{d}s \tag{3.125}$$

式中，$l_\alpha$ 为曲线 $L$ 的单位切向法矢量。

**3. Laplace 算子**

$$\Delta\varphi=\mathrm{div}\ \mathbf{grad}\varphi$$

和 Euclid 空间中相同，其一般形式为

$$\Delta\varphi=\frac{1}{\sqrt{a}}\partial_\alpha(\sqrt{a}a^{\alpha\beta}\nabla_\beta\varphi) \tag{3.126}$$

如 Gauss 坐标系是正交的，则

$$\Delta\varphi=\frac{1}{\sqrt{a_{11}a_{22}}}\left[\partial_1\left(\sqrt{\frac{a_{22}}{a_{11}}}\partial_1\varphi\right)+\partial_2\left(\sqrt{\frac{a_{11}}{a_{12}}}\partial_2\varphi\right)\right] \tag{3.127}$$

(3.127)式和前面讲的相同,只是将 $g_{ij} \Rightarrow a_{\alpha\beta}$。

## 3.9 Gauss,Godazzi 方程;Riemann-Christoffel 张量(曲率张量)

### 1. 曲面的基本方程:Gauss 方程和Godazzi 方程

我们从 Gauss 公式出发进行推导:

$$\boldsymbol{r}_{\alpha\beta} = \Gamma^{\lambda}_{\alpha\beta}\boldsymbol{r}_{\lambda} + b_{\alpha\beta}\boldsymbol{n} \tag{3.128}$$

两端对 $\zeta^{\gamma}$ 求导($\boldsymbol{n}_{\gamma} = -b^{\sigma}_{\gamma}\boldsymbol{r}_{\sigma}$),得

$$\begin{aligned}
\boldsymbol{r}_{\alpha\beta\gamma} &= \left(\frac{\partial}{\partial\zeta^{\alpha}}\Gamma^{\sigma}_{\alpha\beta}\right)\boldsymbol{r}_{\sigma} + \Gamma^{\lambda}_{\alpha\beta}\boldsymbol{r}_{\lambda\gamma} + \partial_{\gamma}(b_{\alpha\beta})\boldsymbol{n} + b_{\alpha\beta}\boldsymbol{n}_{\gamma} \\
&= (\partial_{\gamma}\Gamma^{\sigma}_{\alpha\beta})\boldsymbol{r}_{\sigma} + \Gamma^{\lambda}_{\alpha\beta}(\Gamma^{\sigma}_{\lambda\gamma}\boldsymbol{r}_{\sigma} + b_{\lambda\gamma}\boldsymbol{n}) + \partial_{\gamma}(b_{\alpha\beta})\boldsymbol{n} - b_{\alpha\beta}b^{\sigma}_{\gamma}\boldsymbol{r}\sigma \\
&= (\partial_{\gamma}\Gamma^{\sigma}_{\alpha\beta} + \Gamma^{\lambda}_{\alpha\beta}\Gamma^{\sigma}_{\lambda\gamma} - b_{\alpha\beta}b^{\sigma}_{\gamma})\boldsymbol{r}_{\sigma} + (\Gamma^{\lambda}_{\alpha\beta}b_{\lambda\gamma} + \partial_{\gamma}b_{\alpha\beta})\boldsymbol{n}
\end{aligned} \tag{3.129}$$

$$\boldsymbol{r}_{\alpha\gamma\beta} = (\partial_{\beta}\Gamma^{\sigma}_{\alpha\gamma} + \Gamma^{\lambda}_{\alpha\gamma}\Gamma^{\sigma}_{\lambda\beta} - b_{\alpha\gamma}b^{\sigma}_{\beta})\boldsymbol{r}_{\sigma} + (\Gamma^{\lambda}_{\alpha\gamma}b_{\lambda\beta} + \partial_{\beta}b_{\alpha\gamma})\boldsymbol{n} \tag{3.130}$$

$$\boldsymbol{r}_{\alpha\beta\gamma} = \boldsymbol{r}_{\alpha\gamma\beta}$$

由于 $\boldsymbol{r}_1, \boldsymbol{r}_2, \boldsymbol{n}$ 是线性独立的,可得

$$\partial_{\gamma}\Gamma^{\sigma}_{\alpha\beta} - \partial_{\beta}\Gamma^{\sigma}_{\alpha\gamma} + \Gamma^{\lambda}_{\alpha\beta}\Gamma^{\sigma}_{\lambda\gamma} - \Gamma^{\lambda}_{\alpha\gamma}\Gamma^{\sigma}_{\lambda\beta} = b_{\alpha\beta}b^{\sigma}_{\gamma} - b_{\alpha\gamma}b^{\sigma}_{\beta} \tag{3.131}$$

$$\partial_{\gamma}b_{\alpha\beta} - \Gamma^{\lambda}_{\gamma\alpha}b_{\lambda\beta} = \partial_{\beta}b_{\alpha\gamma} - \Gamma^{\lambda}_{\beta\alpha}b_{\lambda\gamma} \tag{3.132}$$

(3.131)式和(3.132)式分别称为 Gauss 方程和 Godazzi 方程,此两个方程为曲面的基本方程。

### 2. 曲面的曲率张量(Riemann-Christoffel 张量)

(3.131)式即 Gauss 方程的左端为一个四阶张量。

引进以下记号：

$$\boldsymbol{R}^{\sigma\cdot\cdot\cdot}_{\cdot\,\alpha\beta\gamma}\overset{\text{def}}{=\!=\!=}\partial_{\gamma}\Gamma^{\sigma}_{\alpha\beta}-\partial_{\beta}\Gamma^{\sigma}_{\alpha\gamma}+\Gamma^{\lambda}_{\alpha\beta}\Gamma^{\sigma}_{\lambda\gamma}-\Gamma^{\lambda}_{\alpha\gamma}\Gamma^{\sigma}_{\lambda\beta} \tag{3.133}$$

式中，$\boldsymbol{R}^{\sigma\cdot\cdot\cdot}_{\cdot\,\alpha\beta\gamma}$ 为曲面的曲率张量，或称为第一类 Riemann-Christoffel 张量；$\boldsymbol{R}_{\sigma\alpha\beta\gamma}=\boldsymbol{R}^{\mu\cdot\cdot\cdot}_{\cdot\,\alpha\beta\gamma}a_{\mu\sigma}$ 为第二类 Riemann-Christoffel 张量。

(3.134)

将(3.133)式指标下降后，得

$$\boldsymbol{R}_{\sigma\alpha\beta\gamma}=\partial_{\gamma}\Gamma_{\alpha\beta,\sigma}-\partial_{\beta}\Gamma_{\alpha\gamma,\sigma}+\Gamma^{\lambda}_{\alpha\gamma}\Gamma_{\delta\beta,\lambda}-\Gamma^{\lambda}_{\alpha\beta}\Gamma_{\sigma\gamma,\lambda} \tag{3.135}$$

这样，Gauss 方程(3.131)式可表示为

$$\boldsymbol{R}_{\sigma\alpha\beta\gamma}=b_{\alpha\beta}b_{\gamma\sigma}-b_{\alpha\gamma}b_{\beta\sigma} \tag{3.136}$$

①证明(3.135)式成立：

$$\boldsymbol{R}_{\sigma\alpha\beta\gamma}=\boldsymbol{R}^{\mu\cdot\cdot\cdot}_{\cdot\,\alpha\beta\gamma}a_{\mu\sigma}=(\partial_{\gamma}\Gamma^{\mu}_{\alpha\beta}+\Gamma^{\lambda}_{\alpha\beta}\Gamma^{\mu}_{\lambda\gamma})a_{\mu\sigma}-(\partial_{\beta}\Gamma^{\mu}_{\alpha\gamma}+\Gamma^{\lambda}_{\alpha\gamma}\Gamma^{\mu}_{\gamma\beta})a_{\mu\sigma} \tag{3.137}$$

上式右端的第一项为

$$\begin{aligned}
&a_{\mu\sigma\gamma}\partial\Gamma^{\mu}_{\alpha\beta}+\Gamma^{\lambda}_{\alpha\beta}\Gamma^{\mu}_{\lambda}\gamma^{\alpha}{}_{\mu\sigma}\\
&\quad=a_{\mu\sigma}\partial_{\gamma}\Gamma^{\mu}_{\alpha\beta}+\Gamma^{\lambda}_{\alpha\beta}\Gamma_{\lambda\gamma,\sigma}\\
&\quad=\partial_{\gamma}(a_{\mu\sigma}\Gamma^{\mu}_{\alpha\beta})-\Gamma^{\mu}_{\alpha\beta}\partial_{\gamma}a_{\mu\sigma}+\Gamma^{\lambda}_{\alpha\beta}\Gamma_{\lambda\gamma,\sigma}\\
&\quad=\partial_{\gamma}\Gamma_{\alpha\beta,\sigma}-\Gamma^{\mu}_{\alpha\beta}(\Gamma_{\gamma\sigma,\mu}+\Gamma_{\gamma\mu,\sigma})+\Gamma^{\lambda}_{\alpha\beta}\Gamma_{\lambda\gamma,\sigma}\\
&\quad=\partial_{\gamma}\Gamma_{\alpha\beta,\sigma}-\Gamma^{\mu}_{\alpha\beta}\Gamma_{\gamma\mu,\sigma}
\end{aligned} \tag{3.137$'$}$$

(3.137)′式右端的第二项，等于把第一项结果中 $\gamma\Rightarrow\beta,\beta\Rightarrow\gamma$ 可得

$$\partial_{\beta}\Gamma^{\mu}_{\alpha\gamma}+\Gamma^{\lambda}_{\alpha\gamma}\Gamma^{\mu}_{\lambda\beta}=\partial_{\beta}\Gamma_{\alpha\gamma,\sigma}-\Gamma^{\lambda}_{\alpha\gamma}\Gamma_{\beta\sigma,\lambda} \tag{3.137$''$}$$

将右端这两项一并代入 $\boldsymbol{R}_{\sigma\alpha\beta\gamma}$ 即得到(3.135)式。

②证明(3.136)式成立。

$$\boldsymbol{R}^{\sigma\cdots}_{\cdot\alpha\beta\gamma}a_{\sigma\lambda}=(b_{\alpha\beta}b^{\sigma}_{\gamma}-b_{\alpha\gamma}b^{\sigma}_{\beta})a_{\sigma\lambda}$$

$$\boldsymbol{R}_{\lambda\alpha\beta\gamma}=b_{\alpha\beta}b_{\gamma\lambda}-b_{\alpha\gamma}b_{\beta\lambda})$$

将 $\lambda\to\sigma$ 即可得(3.136)式。

③我们将进一步证明 Gauss 方程还可表示成为以下形式：

$$b_{\alpha\beta}b_{\lambda\sigma}-b_{\alpha\lambda}b_{\beta\sigma}=k\varepsilon_{\alpha\sigma}\varepsilon_{\beta\lambda} \tag{3.138}$$

$$b_{\alpha\beta}=-\boldsymbol{n}_{\alpha}\cdot\boldsymbol{r}_{\beta}=b_{\beta\alpha}$$

$$b_{\lambda\sigma}=-\boldsymbol{n}_{\lambda}\cdot\boldsymbol{r}_{\sigma}$$

左端为

$$\begin{aligned}
&b_{\alpha\beta}b_{\lambda\sigma}-b_{\alpha\lambda}b_{\beta\sigma}\\
=&(-\boldsymbol{n}_{\alpha}\cdot\boldsymbol{r}_{\beta})(-\boldsymbol{n}_{\lambda}\cdot\boldsymbol{r}_{\sigma})-(-\boldsymbol{n}_{\alpha}\cdot\boldsymbol{r}_{\lambda})(-\boldsymbol{n}_{\beta}\cdot\boldsymbol{r}_{\sigma})\\
=&[(\boldsymbol{n}_{\alpha}\cdot\boldsymbol{r}_{\beta})\boldsymbol{n}_{\lambda}-(\boldsymbol{n}_{\alpha}\cdot\boldsymbol{r}_{\lambda})\boldsymbol{n}_{\beta}]\boldsymbol{r}_{\sigma}\\
=&[(\boldsymbol{n}_{\alpha}\cdot\boldsymbol{r}_{\beta})\boldsymbol{r}_{\lambda}-(\boldsymbol{n}_{\alpha}\cdot\boldsymbol{r}_{\lambda})\boldsymbol{r}_{\beta}]\boldsymbol{n}_{\sigma}\\
=&[\boldsymbol{n}_{\alpha}\times(\boldsymbol{r}_{\lambda}\times\boldsymbol{r}_{\beta})]\cdot\boldsymbol{n}_{\sigma}\\
=&\varepsilon_{\lambda\beta}(\boldsymbol{n}_{\alpha}\times\boldsymbol{n})\cdot\boldsymbol{n}_{\sigma}\\
=&\varepsilon_{\lambda\beta}b^{p}_{\alpha}b^{q}_{\sigma}(\boldsymbol{r}_{p}\times\boldsymbol{n})\cdot\boldsymbol{r}_{q}\qquad\left.\begin{matrix}p,q\\ \alpha,\sigma\end{matrix}\right\}=1,2\\
=&\varepsilon_{\lambda\beta}b^{p}_{\alpha}b^{q}_{\sigma}\varepsilon_{pq}\\
=&k\varepsilon_{\lambda\beta}\varepsilon_{\alpha\sigma}=k\varepsilon_{\alpha\sigma}\varepsilon_{\beta\lambda}
\end{aligned}$$

(3.138)式得证。

上述证明中曾用到以下等式：

$$\begin{aligned}
b^{p}_{\alpha}b^{q}_{\sigma}\varepsilon_{pq}&=b^{2}_{\alpha}b^{1}_{\sigma}\varepsilon_{21}+b^{1}_{\alpha}b^{2}_{\sigma}\varepsilon_{12}\\
&=(b^{1}_{\alpha}b^{2}_{\sigma}-b^{2}_{\alpha}b^{1}_{\sigma})\sqrt{a}
\end{aligned}$$

$$=k\varepsilon_{\alpha\sigma} \tag{3.139}$$

式中,$k$ 为 Gauss 曲率。

因此,Gauss 方程又可写为

$$\boldsymbol{R}_{\alpha\sigma\beta\gamma}=k\varepsilon_{\alpha}{}^{\sigma}\delta_{\varepsilon\beta\lambda} \tag{3.140}$$

④Riemann 张量的反对称性:

$$\boldsymbol{R}_{\sigma\alpha\beta\gamma}=b_{\alpha\beta}b_{\gamma\sigma}-b_{\alpha\gamma}b_{\beta\sigma}$$

$$\boldsymbol{R}_{\alpha\sigma\beta\gamma}=b_{\sigma\beta}b_{\gamma\alpha}-b_{\sigma\gamma}b_{\beta\sigma}=\boldsymbol{R}_{\sigma\alpha\beta\gamma} \tag{3.141}$$

$\boldsymbol{R}$ 张量关于指标 $\alpha$,$\sigma$ 是反对称的。

$$\boldsymbol{R}_{\sigma\alpha\gamma\beta}=b_{\alpha\gamma}b_{\beta\sigma}-b_{\alpha\beta}b_{\gamma\sigma}=-\boldsymbol{R}_{\sigma\alpha\beta\gamma} \tag{3.142}$$

可知 Riemann 张量关于后二个指标也是反对称的。

当 $\gamma=\beta$ 时,有

$$\boldsymbol{R}_{\sigma\alpha\beta\beta}=b_{\alpha\beta}b_{\beta\sigma}-b_{\alpha\beta}b_{\beta\sigma}=0 \tag{3.143}$$

当 $\sigma=\alpha$ 时,有

$$\boldsymbol{R}_{\alpha\alpha\beta\gamma}=b_{\alpha\beta}b_{\gamma\alpha}-b_{\alpha\gamma}b_{\beta\alpha}=0 \tag{3.144}$$

所以,Riemann 张量中,当其前两个指标相等,或后两个指标相等时,Riemann 张量均等于零。

## 3.10 S-族坐标系

设 $\mathbf{E}_3$ 中给出了一个曲面 $S$,假若在 $\mathbf{E}_3$ 中取 Descartes 坐标系 $(x,y,z)$,而曲面可表示为参数方程:

$$\begin{cases}x=x(\xi^1,\xi^2)\\y=y(\xi^1,\xi^2)\\z=z(\xi^1,\xi^2)\end{cases}$$

当$(\xi^1,\xi^2)$在$\Omega_u$内变化时，$(x,y,z)$遍历$S$，$\xi^1,\xi^2$，为$S$上的Gauss坐标系。

则$\dfrac{\partial \boldsymbol{r}}{\partial \xi^\alpha}=\boldsymbol{r}_\alpha$为曲面$S$上的基矢量，其度量张量为$a_{\alpha\beta}$，$a^{\alpha\beta}$。

$\mathbf{E}_3$中任一点$P$，过$P$点作曲面$S$的法线，此法线和曲面$S$交于$M$点，如图3-8所示。

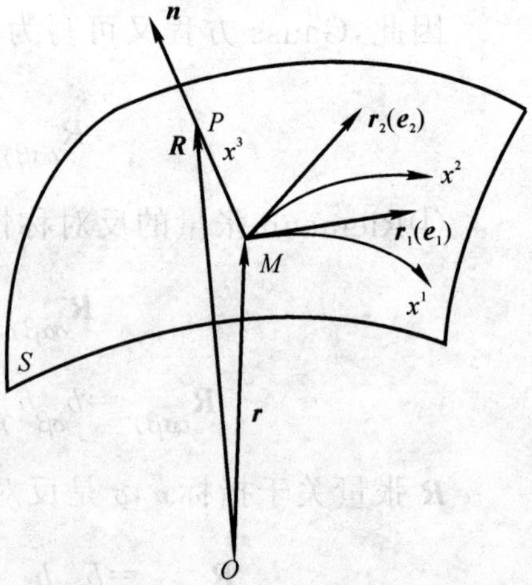


图 3-8

令$\overrightarrow{MP}=x^3\boldsymbol{n}$，$x^1=\xi^1$，$x^2=\xi^2$，则$(x^1,x^2,x^3)$组成$\mathbf{E}_3$中的曲线坐标系，称为$S$-族坐标系。矢径$\overrightarrow{OP}$记为$\boldsymbol{R}$，则

$$\boldsymbol{R}=\boldsymbol{r}+x^3\boldsymbol{n} \tag{3.145}$$

$S$-族坐标系中$\boldsymbol{R}_i\ (i=1,2,3)$为

$$\boldsymbol{R}_\alpha=\frac{\partial \boldsymbol{R}}{\partial x^\alpha}=\boldsymbol{r}_\alpha+x^3\boldsymbol{n}_\alpha$$

或

$$\boldsymbol{R}_\alpha=\boldsymbol{r}_\alpha+x^3\boldsymbol{n}_\alpha \quad (\alpha=1,2)$$
$$\boldsymbol{R}_3=\boldsymbol{n} \tag{3.146}$$

$S$-族坐标系有很多用途，因为$S$曲面可以是固定曲面，所以$S$-族坐标系能应用在壳体、薄流层的流体流动等问题中。

为了使用$S$-族坐标系，须搞清以下问题：

①在$S$-族坐标系中，$\mathbf{E}_3$中的度量张量$g_{ij}$和曲面$S$的度量张量$a_{\alpha\beta}$之间的关系。

②$\mathbf{E}_3$中Christoffel符号$\Gamma^i_{jk}$和曲面$S$上Christoffel符号$\Gamma^\gamma_{\alpha\beta}$之间的关系。

③$\mathbf{E}_3$ 中张量场的协变导数和 $S$ 上的协变导数之间的关系。

1. **度量张量**

由(3.52)式知

$$\boldsymbol{n}_\alpha = -b_\alpha^\lambda \boldsymbol{r}_\lambda$$

代入(3.146)式得

$$\begin{aligned}\boldsymbol{R}_\alpha &= \boldsymbol{r}_\alpha - x^3 b_\alpha^\lambda \boldsymbol{r}_\lambda = (\delta_\alpha^\lambda - x^3 b_\alpha^\lambda)\boldsymbol{r}_\lambda \\ &= (a_{\alpha\beta} a^{\beta\lambda} - x^3 a^{\beta\lambda} b_{\alpha\beta})\boldsymbol{r}_\lambda \\ &= (a_{\alpha\beta} - x^3 b_{\alpha\beta}) a^{\beta\lambda} \boldsymbol{r}_\lambda \\ &= (a_{\alpha\beta} - x^3 b_{\alpha\beta})\boldsymbol{r}^\beta \end{aligned} \tag{3.147}$$

所以 $g_{\alpha\beta} = \boldsymbol{R}_\alpha \cdot \boldsymbol{R}_\beta = (a_{\alpha\sigma} - x^3 b_{\alpha\sigma})\boldsymbol{r}^\sigma (a_{\beta\lambda} - x^3 b_{\beta\lambda})\boldsymbol{r}^\lambda$

$$= a^{\sigma\lambda}(a_{\alpha\sigma} - x^3 b_{\alpha\sigma})(a_{\beta\lambda} - x^3 b_{\beta\lambda})$$

将上式展开,并利用(3.54)式,得

$$g_{\alpha\beta} = a_{\alpha\beta} - 2x^3 b_{\alpha\beta} + (x^3)^2 N_{\alpha\beta} \tag{3.148}$$

而 $N_{\alpha\beta} = 2Hb_{\alpha\beta} - ka_{\alpha\beta}$ 代入上式后,(3.148)式可改写为

$$g_{\alpha\beta} = [1 - k(x^3)^2]a_{\alpha\beta} + [2H(x^3)^2 - 2x^3]b_{\alpha\beta} \tag{3.149}$$

式中,$k$,$H$ 为曲面 $S$ 的全曲率和平均曲率。

由 $\boldsymbol{r}_\alpha \cdot \boldsymbol{n} = 0$,得

$$\left.\begin{aligned} & g_{\alpha\beta} = a_{\alpha\beta} - 2x^3 b_{\alpha\beta} + (x^3)^2 N_{\alpha\beta} \\ & g_{\alpha 3} = g_{3\alpha} = 0, \quad g_{33} = 1 \end{aligned}\right\} \tag{3.150}$$

$\mathbf{E}_3$ 中的度量张量可以通过曲面的第一、第二基本型给出。由(3.150)式可得

$$g=\theta^2 a,\quad \theta^2=1-2Hx^3+k(x^3)^2 \tag{3.151}$$

**2. 计算共轭标架 $\boldsymbol{R}^i$**

空间标架 $\boldsymbol{R}_i(\boldsymbol{R}_\alpha,\boldsymbol{R}_3=\boldsymbol{n})$ 的共轭标架，由仿射标架和共轭标架间的关系式(1.95)可知

$$\boldsymbol{R}^i=\frac{1}{\sqrt{g}}(\boldsymbol{R}_j\times\boldsymbol{R}_k)$$

则

$$\boldsymbol{R}^1=\frac{1}{\sqrt{g}}(\boldsymbol{R}_2\times\boldsymbol{n})$$

$$=\frac{1}{\sqrt{g}}(a_{2\lambda}-x^3 b_{2\lambda})(\boldsymbol{r}\times\boldsymbol{n})$$

引进 $\left.\begin{aligned}\boldsymbol{n}\times\boldsymbol{r}_\alpha&=\varepsilon_{\alpha\beta}\boldsymbol{r}^\beta=\varepsilon_{\alpha.}^{\ .\beta}\boldsymbol{r}_\beta\\ \boldsymbol{n}\times\boldsymbol{r}^\alpha&=\varepsilon^{\alpha\beta}\boldsymbol{r}_\beta=\varepsilon_{.\beta}^{\alpha.}\boldsymbol{r}^\beta\end{aligned}\right\}$ 这一组关系式后，上式可改写为

$$\boldsymbol{R}^1=\frac{1}{\sqrt{g}}(a_{3\lambda}-x^3 b_{2\lambda})\varepsilon^{\lambda\beta}\boldsymbol{r}_\beta$$

$$=-\frac{1}{\sqrt{g}}(a_{2\lambda}-x^3 b_{2\lambda})\varepsilon_{\circ\beta}^{\lambda\circ}\boldsymbol{r}^\beta$$

$$=-\frac{1}{\sqrt{g}}(a_{3\lambda}-x^3 b_{2\lambda})a^{\lambda\sigma}\varepsilon_{\sigma\beta}\boldsymbol{r}^\beta \tag{3.152}$$

同理可得

$$\boldsymbol{R}^2=\frac{1}{\sqrt{g}}(\boldsymbol{n}\times\boldsymbol{R}_1)$$

$$=\frac{1}{\sqrt{g}}(\boldsymbol{n}\times\boldsymbol{r}^\lambda)(a_{1\lambda}-x^3 b_{2\lambda})$$

$$=\frac{1}{\sqrt{g}}(a_{1\lambda}-x^3 b_{1\lambda})\varepsilon_{.\beta}^{\lambda.}\boldsymbol{r}^\beta$$

$$=\frac{1}{\sqrt{g}}(a_{1\lambda}-x^3 b_{1\lambda})a^{\lambda\sigma}\varepsilon_{\sigma\beta}\boldsymbol{r}^\beta \tag{3.153}$$

$$\boldsymbol{R}^3=\frac{1}{\sqrt{g}}(\boldsymbol{R}_1\times\boldsymbol{R}_2)$$

$$=\frac{1}{\sqrt{g}}(\sigma_1^\lambda - x^3 b_1^\lambda)(\delta_2^\sigma - x^2 b_2^\sigma)(\boldsymbol{r}_l \times \boldsymbol{r}_\sigma)$$

$$=\frac{\sqrt{a}}{\sqrt{g}}[(\delta_1^1 - x^3 b_2^1)(\delta_2^2 - x^3 b_2^2) - (\delta_1^2 - x^3 b_1^2)(\delta_2^1 - x^3 b_2^1)]\boldsymbol{n}$$

$$=\frac{1}{\theta}[(1-x^3)^{b_1^1}(1-x^3 b_2^2) + (b_1^2 b_2^2 (x^3)^2)]\boldsymbol{n}$$

$$=\frac{1}{\theta}[1-2Hx^3 + k(x^3)^2]\boldsymbol{n} = \boldsymbol{n} \tag{3.154}$$

所以
$$\boldsymbol{R}^1 = -\frac{1}{\sqrt{g}}(a_{2\lambda} - x^3 b_{2\lambda}) a^{\lambda\sigma} \varepsilon_{\delta\beta} \boldsymbol{r}^\beta$$

$$\boldsymbol{R}^2 = \frac{1}{\sqrt{g}}(a_{1\lambda} - x^3 b_{1\lambda}) a^{\lambda\sigma} \varepsilon_{\sigma\beta} \boldsymbol{r}^\beta$$

或

$$\begin{aligned}
\boldsymbol{R}^\alpha &= -\frac{1}{\theta}(a_{\sigma\lambda} - x^3 b_{\sigma\lambda}) \varepsilon^{\alpha\sigma} a^{\lambda\mu} \varepsilon_{\mu\beta} \boldsymbol{r}^\beta \\
&= \theta^{-1}[-\varepsilon^{\alpha\sigma}\varepsilon_{\sigma\beta} + b_\sigma^\mu \varepsilon^{\alpha\sigma}\varepsilon_{\mu\beta} x^3]\boldsymbol{r}^\beta \\
&= \theta^{-1}[\delta_\beta^\alpha + b_\sigma^\mu \varepsilon^{\alpha\sigma}\varepsilon_{\mu\beta} x^3]\boldsymbol{r}^\beta \\
&= \theta^{-1}[\delta_\beta^\alpha - b_\sigma^\mu \cdot \varepsilon^{\alpha\sigma}\varepsilon_{\beta\mu} x^3]\boldsymbol{r}^\beta
\end{aligned} \tag{3.155}$$

$$\boldsymbol{R}^3 = \boldsymbol{n}$$

也可改写为以下形式：

$$\boldsymbol{R}^\alpha = \theta^{-1}[\delta_\beta^\alpha - (b_\sigma^\mu \varepsilon^{\alpha\sigma}\varepsilon_{\beta\mu} + b_\beta^\alpha) x^3 + b_\beta^\alpha x^3]\boldsymbol{r}^\beta \tag{3.156}$$

还可验证：

$$c_\beta^\alpha \equiv b_\sigma^\mu \varepsilon^{\alpha\sigma}\varepsilon_{\beta\mu} + b_\beta^\alpha = 2H\delta_\beta^\alpha$$

所以
$$\boldsymbol{R}^\alpha = \theta^{-1}[(1-2Hx^3)\delta_\sigma^\alpha + x^3 b_\sigma^\alpha]\boldsymbol{e}^\sigma$$

$$\boldsymbol{R}^3 = \boldsymbol{n} \tag{3.157}$$

$$g^{\alpha\beta} = \boldsymbol{R}^\alpha \cdot \boldsymbol{R}^\beta = \theta^{-2}[(1-2Hx^3)\delta_\sigma^\alpha + x^3 b_\sigma^\alpha] \times$$

$$[(1-2Hx^3)\delta_\lambda^\beta+x^3b_\lambda^\beta+x^3b_\lambda^\beta]\boldsymbol{r}\sigma\boldsymbol{r}^\lambda$$

$$=a^{\sigma\lambda}[(1-2Hx^3)^2\delta_\sigma^\alpha\delta_\lambda^\beta+(x^3)^2b_\sigma^\alpha b_\lambda^\beta+$$

$$x^3(1-2Hx^3)\cdot(\delta_\sigma^\alpha b_\lambda^\beta+b_\sigma^\alpha\delta_\lambda^\beta)]\theta^{-2}$$

$$=\theta^{-2}[(1-2Hx^3)^2a^{\alpha\beta}+(x^3)^2a^{\alpha\mu}a^{\beta\gamma}b_{\sigma\mu}b_{\lambda\gamma}a^{\sigma\lambda}+$$

$$x^3(1-2Hx^3)(\delta_\sigma^\alpha b_\lambda^\beta a^{\sigma\lambda}+b_\sigma^\alpha\delta_\lambda^\beta a^{\sigma\lambda})]$$

$$=\theta^{-2}[(1-2Hx^3)^2a^{\alpha\beta}+(x^3)^2N_{\mu\gamma}a^{\alpha\mu}a^{\beta\gamma}+$$

$$2x^3(1-2Hx^3)b^{\alpha\beta}] \tag{3.158}$$

(3.158)式中用到(3.154)式。

再用 Riemann 张量的另一形式,即

$$\boldsymbol{\nabla}_\alpha\boldsymbol{\nabla}_\beta A^\lambda-\boldsymbol{\nabla}_\beta\boldsymbol{\nabla}_\alpha A^\lambda=\boldsymbol{R}^\lambda_{\cdot\alpha\beta\sigma}\cdot A^\sigma$$

可得

$$N_{\mu\gamma}a^{\alpha\mu}a^{\beta\gamma}=(2Hb_{\mu\gamma}-ka_{\mu\gamma})a^{\alpha\mu}a^{\beta\gamma}$$

$$=2Hb^{\alpha\beta}-ka^{\alpha\beta}$$

$$g^{\alpha\beta}=\theta^{-2}\{[(1-2Hx^3)^2-k(x^3)^2]a^{\alpha\beta}+$$

$$2H(x^3)^2+2x^3-4H(x^3)^2\cdot b^{\alpha\beta}\}$$

$$=\theta^{-2}\{[1-4Hx^3+(4H^2-k)(x^3)^2]a^{\alpha\beta}+$$

$$2x^2(1-Hx^3)b^{\alpha\beta}\}$$

$$g^{\alpha\beta}=\theta^{-2}\{a^{\alpha\beta}+2x^3(b^{\alpha\beta}-2Ha^{\alpha\beta})+$$

$$x^3[(4H^2-k)a^{\alpha\beta}-2Hb^{\alpha\beta}]\} \tag{3.159}$$

$$g^{\varepsilon\alpha}=g^{\alpha\varepsilon}=0,\quad g^{33}=1$$

**3. Christoffel 符号**

由(3.40)式可知

$$\boldsymbol{R}_{\alpha\beta}=\Gamma_{\alpha\beta,\lambda}\boldsymbol{r}^{\lambda}+b_{\alpha\beta}\boldsymbol{n}=\Gamma^{\sigma}_{\alpha\beta}\boldsymbol{r}_{\sigma}+b_{\alpha\beta}\boldsymbol{n} \tag{3.160}$$

根据(3.147)式,有

$$\boldsymbol{R}_{\alpha}=(\delta^{\lambda}_{\alpha}-x^{3}b^{\lambda}_{\alpha})\boldsymbol{r}_{\lambda}$$

所以 $\boldsymbol{R}_{\alpha\beta}=(\delta^{\lambda}_{\alpha}-x^{3}b^{\lambda}_{\alpha})\boldsymbol{r}_{\lambda\beta}-x^{3}\partial_{\beta}b^{\lambda}_{\alpha}\boldsymbol{r}_{\lambda}$

而 $\partial_{\beta}b^{\lambda}_{\alpha}=\boldsymbol{\nabla}_{\beta}b^{\lambda}_{\alpha}-\Gamma^{\lambda}_{\beta\sigma}b^{\sigma}_{\alpha}+\Gamma^{\sigma}_{\beta\alpha}b^{\lambda}_{\sigma}$ 代入上式得

$$\boldsymbol{R}_{\alpha\beta}=(\delta^{\lambda}_{\alpha}-x^{3}b^{\lambda}_{\alpha})\boldsymbol{r}_{\lambda\beta}- \\ x^{3}(\boldsymbol{\nabla}_{\beta}b^{\lambda}_{\alpha}-\Gamma^{\lambda}_{\beta\sigma}b^{\sigma}_{\alpha}+\Gamma^{\sigma}_{\beta\alpha}b^{\lambda}_{\sigma})\boldsymbol{r}_{\lambda} \tag{3.161}$$

$$\boldsymbol{R}_{\gamma}=(\delta^{\mu}_{\gamma}-x^{3}b^{\mu}_{\gamma})\boldsymbol{r}_{\mu} \tag{3.162}$$

将(3.161)式中的两式相乘后,得到空间的 Christoffel 符号 $\Gamma_{\alpha\beta,\gamma}$ 的表示式,即

$$\begin{aligned}\Gamma_{\alpha\beta,\gamma}&=R_{\alpha\beta}\cdot R_{\gamma}\\&=(\delta^{\lambda}_{\alpha}-x^{3}b^{\lambda}_{\alpha})(\delta^{\mu}_{\gamma}-x^{3}b^{\mu}_{\gamma})\Gamma_{\alpha\beta,\mu}\end{aligned} \tag{3.163}$$

再用 Godazzi 公式,(3.163)式可改写为

$$\begin{aligned}\Gamma_{\alpha\beta,\gamma}=\Gamma_{\alpha\beta,\gamma}-x^{3}[\frac{1}{2}(\boldsymbol{\nabla}_{\alpha}b_{\beta\gamma}+\boldsymbol{\nabla}_{\beta}b_{\alpha\gamma})+\\2b_{\gamma\sigma}\Gamma^{\sigma}_{\alpha\beta}+(x^{3})^{2}(\frac{1}{2}b^{\mu}_{\gamma}(\boldsymbol{\nabla}_{\alpha}b_{\beta\mu}+\\\boldsymbol{\nabla}_{\beta}b_{\alpha\mu})+\Gamma^{\sigma}_{\alpha\beta}b^{\lambda}_{\sigma}b_{\lambda\gamma})]\end{aligned} \tag{3.164}$$

而

$$\begin{aligned}\Gamma_{\alpha\beta,2}&=\boldsymbol{R}_{\alpha3}\cdot\boldsymbol{n}\\&=(\delta^{\lambda}_{\alpha}-x^{3}b^{\lambda}_{\alpha})\boldsymbol{r}_{\lambda\beta}\cdot\boldsymbol{n}\end{aligned}$$

用(3.160)式,可得

$$\Gamma_{\alpha\beta,3}=(\delta^{\lambda}_{\alpha}-x^{3}b^{\lambda}_{\alpha})b_{\lambda\beta}$$

$$=b_{\alpha\beta}-x^3 b_\alpha^\lambda b_{\lambda\beta}$$

并用(3.54)式，得

$$b_\alpha^\lambda b_{\lambda\beta}=a^{\lambda\sigma} b_{\alpha\delta} b_{\lambda\beta}=N_{\alpha\beta} \tag{3.165}$$

所以 $$\Gamma_{\alpha\beta,3}=b_{\alpha\beta}-x^3 N_{\alpha\beta} \tag{3.166}$$

由(3.147)式可得

$$\boldsymbol{R}_{\alpha 3}=-b_\alpha^\lambda \boldsymbol{r}_\lambda,\quad \boldsymbol{R}_\beta=(\delta_\beta^\alpha-x^3 b_\beta^\sigma)\boldsymbol{r}_\sigma$$

$$\begin{aligned}\Gamma_{\alpha 3,\beta}&=\boldsymbol{R}_{\alpha 3}\cdot\boldsymbol{R}_\beta\\&=-b_\alpha^\lambda(\delta_\beta^\sigma-x^3 b_\beta^\sigma)a_{\lambda\sigma}\\&=-b_{\alpha\beta}+x^3 N_{\alpha\beta}\end{aligned} \tag{3.167}$$

同理有

$$\Gamma_{\alpha 3,3}=0,\quad \Gamma_{33,k}=0 \tag{3.168}$$

空间第二类型 Christoffel 记号为

$$\overset{\wedge}{\Gamma}{}_{\alpha\beta}^{t}=\boldsymbol{R}_{\alpha\beta}\cdot\boldsymbol{R}^\gamma$$

$$\boldsymbol{R}^\gamma=\theta^{-1}[(1-2Hx^3)\delta_\sigma^\gamma+x^3 b_\sigma^\gamma]\boldsymbol{\gamma}^\sigma \tag{3.169}$$

与(3.161)式作内积，得

$$\begin{aligned}\overset{\wedge}{\Gamma}{}_{\alpha\beta}^{\gamma}=&\theta^{-1}(\delta_\alpha^\lambda-x^3 b_\alpha^\lambda)\boldsymbol{r}_{\lambda\beta}\cdot\boldsymbol{r}^\sigma\times\\&[(1-2Hx^3)\delta_\sigma^\gamma+x^3 b_\sigma^\gamma]-\\&x^3(\boldsymbol{\nabla}_\beta b_\alpha^\lambda-\Gamma_{\beta\alpha}^\lambda b_\alpha^\sigma+\Gamma_{\alpha\beta}^\sigma b_\sigma^\lambda)\boldsymbol{r}_\lambda\cdot\boldsymbol{r}^\sigma\theta^{-1}\times\\&[(1-2Hx^3)\delta_\sigma^\gamma+x^3 b_\sigma^\gamma]\\=&\theta^{-1}\{r_{\alpha\beta}^\delta-x^3 b_\alpha^\lambda\Gamma_{\lambda\beta}^\delta[(1-2Hx^3)\delta_\delta^t+x^3 b_\sigma^t]-\\&\theta^{-1}x^3(\boldsymbol{\nabla}_\beta b_\alpha^\lambda-\Gamma_{\beta\sigma}^\lambda b_\alpha^\sigma+\Gamma_{\alpha\beta}^\sigma b_\sigma^\lambda)\\&[(1-2Hx^3)\delta_\lambda^\gamma+x^3 b_\lambda^\gamma]\end{aligned}$$

$$=\theta^{-1}[\Gamma^{\gamma}_{ab}-x^3(\nabla_\beta b^{\gamma}_{\alpha}+2H\Gamma^{\gamma}_{\alpha\beta})+(x^3)^2(2H\nabla_\beta b^{\gamma}_{\alpha}+2H\Gamma^{\sigma}_{\alpha\beta}b^{\gamma}_{\sigma}-b^{\gamma}_{\lambda}\nabla_\beta b^{\lambda}_{\alpha}-\Gamma^{\sigma}_{\alpha\beta}b^{\lambda}_{\sigma}b^{\gamma}_{\lambda})] \tag{3.170}$$

由于

$$b^{\lambda}_{\sigma}b^{\gamma}_{\lambda}=a^{\lambda\mu}a^{\gamma r}b_{\sigma\mu}b_{\lambda r}=a^{t\gamma}N_{\sigma\gamma}$$

引用 Godazzi 方程，得

$$\overset{\wedge}{\Gamma}{}^{\gamma}_{\alpha\beta}=\theta^{-1}[\Gamma^{\gamma}_{\alpha\beta}-x^3(\nabla_\beta b^{\gamma}_{\alpha}+2H\Gamma^{\gamma}_{\alpha\beta})+(x^3)^2H(\nabla_\beta b^{\gamma}_{\alpha}+\nabla_\alpha b^{\gamma}_{\beta})-b^{\gamma}_{\lambda}(\nabla_\beta b^{\lambda}_{\alpha}+\nabla_\alpha b^{\lambda}_{\beta})/2+2H\Gamma^{\sigma}_{\alpha\sigma}b^{\gamma}_{\sigma}-\Gamma^{\sigma}_{\alpha\beta}a^{t\gamma}N_{\sigma r}] \tag{3.171}$$

$$\overset{\wedge}{\Gamma}{}^{\alpha}_{\beta 3}=\overset{\wedge}{\Gamma}{}^{\alpha}_{3\beta}=\boldsymbol{R}_{33}\cdot\boldsymbol{R}^{\alpha}$$

$$=(-b^{\lambda}_{\beta}\boldsymbol{r}_{\lambda})\theta^{-1}((1-2Hx^3)\delta^{\alpha}_{\sigma}+x^3b^{\alpha}_{\sigma})\boldsymbol{r}^{\sigma}$$

$$=\theta^{-1}(-b^{\lambda}_{\beta})((1-2Hx^3)\delta^{\alpha}_{\sigma}\delta^{\sigma}_{\lambda}+x^3b^{\alpha}_{\sigma}\delta^{\sigma}_{\lambda})$$

$$=\theta^{-1}(-(1-2Hx^3)b^{\alpha}_{\beta}-x^3b^{\alpha}_{\lambda}b^{\lambda}_{\beta}) \tag{3.172}$$

或者是

$$\overset{\wedge}{\Gamma}{}^{a}_{\beta_3}=\overset{\wedge}{\Gamma}{}^{a}_{3\beta}=\theta^{-1}[-b^{\alpha}_{\beta}+x^3(2Hb^{\alpha}_{\beta}-a^{a\mu}N_{\beta\mu})] \tag{3.173}$$

而且

$$\Gamma^{3}_{\alpha 3}=\Gamma^{3}_{3\alpha}=0,\quad \Gamma^{x}_{33}=0,\quad \Gamma^{3}_{33}=0 \tag{3.174}$$

**4.近似公式**

当 $x^3$ 很小，例如 $1\pm k_ih\approx 1$，其中 $0\leqslant x^3\leqslant h$，$k_i$ 为 $S$ 为全曲率，

那么我们略去 $x^3$ 高阶小量，可得下面一组关系式：

$$\left\{\begin{array}{l} g_{\alpha\beta}=a_{\alpha\beta},\quad g_{2\alpha}=g_{\alpha 3}=0 \\ g^{\alpha\beta}=a^{\alpha\beta},\quad g^{\alpha 3}=g^{3\alpha}=0 \end{array}\right.$$

$$\left.\begin{array}{l} g_{22}=1,\quad g=a \\ g^{33}=1 \end{array}\right\} \tag{3.175}$$

$$\left\{\begin{array}{l} \Gamma_{\alpha\beta,\lambda}=\Gamma_{\alpha\beta,\lambda}-x^{3}\boldsymbol{\nabla}_{\beta}b_{\alpha\lambda},\quad \Gamma_{\alpha\beta,3}=b_{\alpha\beta} \\ \Gamma_{\alpha 3,\beta}=-b_{\alpha\beta},\Gamma_{\alpha 3,3}=0,\quad \Gamma_{33,t}=0 \end{array}\right. \tag{3.176}$$

$$\left.\begin{array}{l} \Gamma^{\lambda}_{\alpha\beta}=\Gamma^{*\lambda}_{\alpha\beta}-x^{3}\overset{*}{\boldsymbol{\nabla}}_{\beta}b^{\lambda}_{\alpha},\Gamma^{3}_{\alpha\beta}=b_{\alpha\beta} \\ \Gamma^{\beta}_{\alpha 3}=-b^{\beta}_{\alpha},\Gamma^{3}_{\alpha 3}=0,\Gamma^{i}_{33}=0 \end{array}\right\} \tag{3.177}$$

当 $S$ 为球面或柱面时，$\boldsymbol{\nabla}_{\alpha}b^{\lambda}_{\beta}=0$，因而有

$$\left.\begin{array}{l} \Gamma_{\alpha\beta,\lambda}=\overset{*}{\Gamma}_{\alpha\beta,\lambda}\Gamma_{\alpha\beta,3}=b_{\alpha\beta},\quad \Gamma_{\alpha 3,\beta}=-b_{\alpha\beta} \\ \Gamma_{\alpha 3,3}=0,\quad \Gamma_{33,i}=0 \end{array}\right\} \tag{3.178}$$

$$\left.\begin{array}{l} \Gamma^{\lambda}_{\alpha\beta}=\overset{*}{\Gamma}{}^{\lambda}_{\alpha\beta},\quad \Gamma^{3}_{\alpha\beta},=b_{\alpha\beta},\quad \Gamma^{\beta}_{\alpha 3}=-b^{\beta}_{\alpha} \\ \Gamma^{3}_{\alpha 2=0}=0,\quad \Gamma^{i}_{33}=0 \end{array}\right\} \tag{3.179}$$

**5.协变导数**

在 $S$-族坐标系中，$\mathbf{E}_3$ 中的协变导数和 $S$ 上的协变导数之间有什么关系？

由于

$$\boldsymbol{\nabla}_{i}\cdot u^{j}=\frac{\partial u^{j}}{\partial x^{i}}+\Gamma^{j}_{ik}u^{k}$$

所以从 Christoffel 符号的相互关系(3.177)式可知

$$\left.\begin{aligned}
\nabla_\alpha u^\beta &= \overset{*}{\nabla}_\alpha u^\beta - x^3 \overset{*}{\nabla}_\alpha b^\beta_\sigma u^\sigma - b^\beta_\alpha u^3 \\
\nabla_\alpha u^3 &= \frac{\partial u^3}{\partial x^\alpha} + b_{\alpha\sigma} u^\sigma \\
\nabla_3 u^\alpha &= \frac{\partial u^\alpha}{\partial x^3} - b^\alpha_\beta u^\beta \\
\nabla_3 u^3 &= \frac{\partial u^3}{\partial x^3}
\end{aligned}\right\} \tag{3.180}$$

任一个二阶张量的逆变分量 $T^{ij}$，它的一阶协变导数为

$$\nabla_k T^{ij} = \frac{\partial T^{ij}}{\partial x^k} + \Gamma^i_{kl} T^{lj} + \Gamma^j_{kl} T^{il} \tag{3.181}$$

将(3.177)式代入上式得

$$\left.\begin{aligned}
\nabla_\sigma T^{\alpha\beta} &= \overset{*}{\nabla}_\sigma T^{\alpha\beta} - x^3 (T^{\gamma\beta} \overset{*}{\nabla}_\sigma b^\alpha_\gamma + T^{\alpha\gamma} \overset{*}{\nabla}_\sigma b^\beta_\gamma) - b^\alpha_\sigma T^{3\beta} - b^\beta_\sigma T^{\alpha 3} \\
\nabla_\sigma T^{\alpha 3} &= \overset{*}{\nabla}_\sigma T^{\alpha 3} - x^3 T^{\beta 3} \overset{*}{\nabla}_\sigma b^\alpha_\beta + b_{\sigma\beta} T^{\alpha\beta} - b^\alpha_\sigma T^{33} \\
\nabla_\sigma T^{3\alpha} &= \overset{*}{\nabla}_\sigma T^{3\alpha} - x^3 T^{3b} \overset{*}{\nabla}_\sigma b^\alpha_\beta + b_{\sigma\beta} T^{\beta\alpha} - b^\alpha_\sigma T^{33} \\
\nabla_\sigma T^{33} &= \overset{*}{\nabla}_\sigma T^{33} + b_{\sigma\alpha} (T^{3\alpha} + T^{\alpha 3})
\end{aligned}\right\} \tag{3.182}$$

$$\nabla_3 T^{\alpha\beta} = \frac{\partial T^{\alpha\beta}}{\partial x^3} - b^\alpha_\sigma T^{\sigma\beta} - b^\beta_\sigma T^{\alpha\sigma} \tag{3.183}$$

$$\left.\begin{aligned}
\nabla_3 T^{3\alpha} &= \frac{\partial T^{3\alpha}}{\partial x^3} - b^\alpha_\sigma T^{3\alpha} \\
\nabla_3 T^{\alpha 3} &= \frac{\partial T^{\alpha 3}}{\partial x^3} - b^\alpha_\sigma T^{\sigma 3} \\
\nabla_3 T^{33} &= \frac{\partial T^{33}}{\partial x^3}
\end{aligned}\right\} \tag{3.184}$$

当我们利用前面学过的一组关系式时，有

$$\left.\begin{aligned} &k=b_1^1 b_2^2 b_2^1 b_1^2=\frac{1}{2}\varepsilon_{\alpha\beta}\varepsilon^{\lambda\sigma}b_\lambda^\alpha b_\sigma^\delta \\ &H=\frac{1}{2}b_\alpha^\alpha \\ &\nabla_\alpha b_{\beta\gamma}-\nabla_\gamma b_{\beta\alpha}=0 \end{aligned}\right\} \tag{3.185}$$

对(3.183)式进行指标缩并后可得

$$\begin{aligned} \nabla_i T^{i\alpha} &=\nabla_\sigma T^{\sigma\alpha}+\nabla_3 T^{3\alpha} \\ &=\overset{*}{\nabla}_\sigma T^{\sigma\alpha}-x^3(2T^{\sigma\alpha}\overset{*}{\nabla}_\sigma H+T^{\sigma\beta}\nabla_\sigma b_\beta^\alpha)- \\ &\quad 2HT^{3\alpha}-b_\sigma^\alpha(T^{\sigma 3}+T^{3\sigma})+\frac{\partial T^{3\alpha}}{\partial x^3} \end{aligned} \tag{3.186}$$

$$\begin{aligned} \nabla_i T^{i3} &=\nabla_\alpha T^{\alpha 3}+\nabla_3 T^{33} \\ &=\overset{*}{\nabla}_\alpha T^{\alpha 3}-2x^3 T^{\sigma 3}\overset{*}{\nabla}\sigma H+ \\ &\quad b_{\sigma\beta}T^{\sigma\delta}-2HT^{33}+\frac{\partial T^{33}}{\partial x^3} \end{aligned} \tag{3.187}$$

对于以下的二阶张量，我们要特别注意：

$$T^{i\alpha}=\mu(g^{\alpha m}\nabla_m u^i+g^{mi}\nabla_m u^\alpha) \tag{3.188}$$

利用(3.175)式和(3.180)式可得

$$T^{\sigma\alpha}=\mu\{\overset{*}{\nabla}{}^\alpha u^\sigma+\overset{*}{\nabla}{}^\sigma u^\alpha-x^3(\overset{*}{\nabla}{}^\sigma b_\gamma^\alpha+\overset{*}{\nabla}{}^\alpha b_\gamma^\sigma)u^\gamma-2b^{\alpha\sigma}u^3\}$$

上式中逆变导数为

$$\nabla^\sigma=a^{\alpha\sigma}\nabla_\alpha$$

由(3.185)式可得

$$\overset{*}{\nabla}{}^\sigma b_\gamma^\alpha+\overset{*}{\nabla}{}^\alpha b_\gamma^\sigma=a^{\alpha\beta}\overset{*}{\nabla}_\beta b_\gamma^\alpha+a^{\alpha\beta}\overset{*}{\nabla}_\beta b_\gamma^\sigma$$

$$=a^{\sigma\beta}\overset{*}{\nabla}_\gamma b^\alpha_\beta+a^{\alpha\beta}\overset{*}{\nabla}_\gamma b^\sigma_\beta$$

$$=2\nabla_\gamma b^{\alpha\sigma}$$

故

$$T^{\sigma\alpha}=T^{\alpha\sigma}=\mu(\overset{*}{\nabla}^\sigma u^\alpha+\overset{*}{\nabla}^\alpha u^\sigma-$$

$$2x^3\nabla_\gamma b^{\alpha\sigma}u^\gamma-2b^{\alpha\sigma}u^3)$$

$$T^{3\alpha}=T^{\alpha 3}=\mu\left(a^{\alpha\beta}\frac{\partial u^3}{\partial x^\beta}+\frac{\partial u^\alpha}{\partial x^3}\right)\tag{3.189}$$

将(3.189)式代入(3.186)式后得

$$\nabla_i T^{i\alpha}=\nabla_\sigma\{\mu[\overset{*}{\nabla}^\alpha u^\sigma+\overset{*}{\nabla}^\sigma u^\alpha-2x^3\nabla_\gamma b^{\alpha\sigma}\cdot u^\gamma-2b^{\alpha\sigma}\cdot u^3]\}-$$

$$x^3\{2[\overset{*}{\nabla}^\alpha u^\sigma+\overset{*}{\nabla}^\sigma u^\alpha-2x^3\nabla_\gamma b^{\alpha\sigma}\cdot u^\gamma-2b^{\alpha\sigma}\cdot u^3]\}-$$

$$\mu x^3\{2[\overset{*}{\nabla}^\alpha u^\sigma+\overset{*}{\nabla}^\sigma u^\alpha-2x^3\overset{*}{\nabla}_\gamma b^{\alpha\sigma}u^\gamma-2b^{\alpha\sigma}u^3]\overset{*}{\nabla}_\sigma H+$$

$$[\overset{*}{\nabla}^\beta u^\sigma+\overset{*}{\nabla}^\sigma u^\beta-2x^3\nabla_\gamma b^{\beta\sigma}u^\gamma-2b^{\beta\sigma}\cdot u^3]\overset{*}{\nabla}_\sigma b^\alpha_\beta\}+$$

$$\frac{\partial}{\partial x^3}\left\{\mu\left(a^{\alpha\beta}\frac{\partial u^3}{\partial x^\beta}+\frac{\partial u^\alpha}{\partial x^3}\right)\right\}-$$

$$2\mu H\left\{a^\alpha\frac{\partial u^3}{\partial x\beta}+\frac{\partial u^\alpha}{\partial x^3}\right\}-$$

$$2\mu b^\alpha_\sigma\left[a^{\sigma\beta}\frac{\partial u^3}{\partial x\beta}+\frac{\partial u^\sigma}{\partial x^3}\right]\tag{3.190}$$

## 3.11 Gauss 定理和Green 公式

这里我们将推导任意坐标系下的 Gauss 定理。

**1. Euclid 空间的体积度量**

在 2.9 节中已推导过 Euclid 空间的体元为

$$dv=\frac{1}{3!}\varepsilon_{ijk}\,dx^i\wedge dx^j\wedge dx^k \tag{2.127}$$

体元 $dv$ 为一个不变量。

对 $n$ 维 Euclid 空间，同样有

$$dv=\frac{1}{n!}\varepsilon_{i_1 i_2\cdots i_n}\,dx^{i_1}\wedge dx^{i_2}\wedge\cdots dx^{i_n} \tag{3.191}$$

**2. Riemann 空间的体积度量**

设 $g_{ij}$ 为其度量张量，$g=|g_{ij}|$，$n$ 维空间（$\mathbf{V}_n$）的体元为

$$dv=\sqrt{g}\,dx^1dx^2\cdots dx^n \tag{3.192}$$

$$v_D=\int_D dv$$

它在坐标变换下，也是不变量。

在新坐标系 $x^{i'}$ 中，有

$$v_{D'}=\int_D\sqrt{g'}\,dx^1dx^2\cdots dx^{n'} \tag{3.193}$$

因为

$$g_{i'j'}=\frac{\partial x^i}{\partial x^{i'}}\frac{\partial x^j}{\partial x^{j'}}g_{ij}$$

所以
$$g'=\det|[g_{i'j'}]|=\left(\det\left[\frac{\partial x^i}{\partial x^{i'}}\right]\right)^2|[g_{ij}]|$$

$$\sqrt{g'}=\left|\det\left[\frac{\partial x^i}{\partial x^{i'}}\right]\right|\sqrt{g}$$

$$=\left|\frac{D(x^1,x^2\cdots x^n)}{D(x^{1'},x^{2'}\cdots x^{n'})}\right|\sqrt{g} \tag{3.194}$$

即 $v_{D'}=\int_D\sqrt{g'}\,dx^{1'}\cdots dx^{n'}$

$$=\int_D \sqrt{g}\left|\frac{D(x^1,x^2\cdots n^n)}{D(x^{1'},x^{2'}\cdots x^{n'})}\right|\mathrm{d}x^{1'}\mathrm{d}x^{2'}\cdots\mathrm{d}x^{n'}$$

$$=\int_D \sqrt{g}\,\mathrm{d}x^1\mathrm{d}x^2\cdots\mathrm{d}x^n=v_D \tag{3.195}$$

因此在坐标变换下，$V_D$ 为常量。

### 3.曲面面积度量

在 $n$ 维的 Riemann 空间 $\mathbf{V}_n$ 中，在 $n-1$ 给曲面上建立 Gauss 坐标系 $\xi^\alpha(\alpha=1,2,\cdots,n-1)$。其度量张量为

$$a_{\alpha\beta}=g_{ij}\frac{\partial x^i}{\partial\delta^\alpha}\frac{\partial x^j}{\partial\xi^\beta}$$

$n+1$ 维曲面度量张量 $a_{\alpha\beta}$ 的行列式为

$$a=|[a_{\alpha\beta}]|=g^{ij}D_iD_j \tag{3.196}$$

其中

$$D_i=(-1)^i\frac{D(x^1\cdots x^{i-1}\ x^{i+1}\cdots x^n)}{D(\xi^1\cdots\xi^{n-1})}$$

可得曲面的面积为

$$\mathbf{v}_D=\int_D\sqrt{a}\,\mathrm{d}\xi^1\mathrm{d}\xi^2\cdots\mathrm{d}\xi^{n-1}$$

**Gauss 定理：**

设 $\Omega$ 为某一区域，$S$ 为包围它的光滑曲面，有

$$\iiint_\Omega \mathrm{div}\boldsymbol{v}\mathrm{d}v=\iiint_D\frac{1}{\sqrt{g}}\frac{\partial}{\partial x^i}(\sqrt{g}v^i)\sqrt{g}\,\mathrm{d}x^1\mathrm{d}x^2\cdots\mathrm{d}x^n$$

$$=\iiint_D\frac{\partial}{\partial x^i}(\sqrt{g}v^i)\mathrm{d}x^1\mathrm{d}x^2\cdots\mathrm{d}x^n$$

$$=\sum_i\iint_S\sqrt{g}\,v^i\mathrm{d}x^1\mathrm{d}x^2\cdots\mathrm{d}x^{i-1}\mathrm{d}x^{i+1}\cdots\mathrm{d}x^n$$

$$=\iint_S \sqrt{g}\,v^i D_i \mathrm{d}\xi^1 \mathrm{d}\xi^2 \cdots \mathrm{d}\xi^{n-1} \tag{3.197}$$

设 $S$ 的曲面方程为 $\varphi(x^i)=0$，表示成参数形式为

$$x^1 = x^i(\xi^\alpha)$$

所以

$$\varphi_{x^i} = \frac{\partial x^i}{\partial \xi^\alpha} = 0 \tag{3.198}$$

而

$$D_i = \frac{\partial x^i}{\partial \xi^\alpha} = 0 \tag{3.199}$$

比较前两式可知

$$\varphi_{x^i} = \alpha D_i \quad (\alpha = \mathrm{const})$$

另一方面，$S$ 的外法线的单位向量 $\boldsymbol{n}$，其分量为

$$\begin{aligned} \boldsymbol{n}_k &= \frac{\varphi_{x^k}}{\sqrt{|\boldsymbol{\nabla}\varphi|^2}} \\ &= \frac{\alpha D_k}{\sqrt{\alpha^2 g^{ij} D_i D_j}} \\ &= \frac{D_k}{\sqrt{g^{ij} D_i D_j}} \end{aligned} \tag{3.200}$$

将(3.200)式代回(3.197)式中可得

$$\iiint_D \mathrm{div}\boldsymbol{v}\mathrm{d}v = \iint_S v^k D_k \sqrt{g}\,\mathrm{d}\xi^1 \mathrm{d}\xi^2 \cdots \mathrm{d}\xi^{n-1}$$

$$\iiint_\Omega \mathrm{div}\boldsymbol{v}\mathrm{d}v = \iint_S \boldsymbol{v} \cdot \boldsymbol{n} \cdot \sqrt{a}\,\mathrm{d}\xi^1 \mathrm{d}\xi^2 \mathrm{d}\xi^3 \cdots \mathrm{d}\xi^{n-1}$$

即

$$\iiint_\Omega \mathrm{div}\boldsymbol{v}\mathrm{d}v = \oiint \boldsymbol{v} \cdot \boldsymbol{n}\mathrm{d}S \tag{3.201}$$

(3.201)式即为 Gauss 定理。

对于 Euclid 空间，Gauss 定理的证明更为简单。这时 div$\boldsymbol{v}$，$\boldsymbol{v}$，$\boldsymbol{n}$，d$v$，d$s$，均为不变量，所以(3.201)式中左、右两端 $\iiint_v \mathrm{div}\boldsymbol{v}\mathrm{d}v$，$\oint\!\!\oint_s \boldsymbol{v}\cdot\boldsymbol{n}\mathrm{d}s$ 也是不变量，在 Descartes 坐标系中仍然成立，有

$$\iiint_v \mathrm{div}\boldsymbol{v}\mathrm{d}v = \oint\!\!\oint_s \boldsymbol{v}\cdot\boldsymbol{n}\mathrm{d}s \tag{3.202}$$

(3.202)式是 Gauss 定理的三维形式。Gauss 散度定理的这种形式说明，在任何矢量场 $\boldsymbol{v}$ 中，其散度遍及整个闭区域的积分等于其垂直分量遍及边界的积分。

**Green 公式：**

由 Laplace 算子，得

$$\Delta = g^{ij}\ \boldsymbol{\nabla}_i\ \boldsymbol{\nabla}_j = \boldsymbol{\nabla}^i\ \boldsymbol{\nabla}_j$$

可得

$$u\Delta v + \boldsymbol{\nabla}_u \cdot \boldsymbol{\nabla}_v = \boldsymbol{\nabla}\cdot(u\,\boldsymbol{\nabla} v)$$

$$u\,\boldsymbol{\nabla} v - v\,\boldsymbol{\nabla} u = \boldsymbol{\nabla}\cdot(u\,\boldsymbol{\nabla} u - v\,\boldsymbol{\nabla} u)$$

利用 Gauss 定理，可得

$$\iiint_\Omega u\,\boldsymbol{\nabla} v\mathrm{d}v + \iiint_\Omega \boldsymbol{\nabla} u\,\mathrm{d}v = \oint\!\!\oint_S S\,\frac{\partial v}{\partial n}\mathrm{d}S \tag{3.203}$$

$$\iiint_\Omega (u\,\boldsymbol{\nabla} v - v\,\boldsymbol{\nabla} u)\mathrm{d}v = \oint\!\!\oint_S \left(u\frac{\partial v}{\partial n} - v\frac{\partial u}{\partial n}\right)\mathrm{d}S \tag{3.204}$$

## 习　题

1. 推导任一曲面 S 上的 Gauss 坐标系。该坐标系有什么特点？
2. 何谓正则曲面？
3. 推导曲面上的 Gauss 公式以及曲面上的 Christoffel 记号。
4. 曲面上的第一基本型是如何定义的？
5. 推导曲面上的第二基本型和曲面上的第三基本型。
6. 什么是曲面上的测地线？满足测地线微分方程组的充要条

件如何得到？

7. 推导 Weingarten 公式。

8. 推导张量场中的 Gauss 散度定理。并推导 $\mathbf{E}_3$ 中 Descartes 坐标系下的 Gauss 散度定理是一般张量场中 Gauss 散度定理的特例。

# 第四章　张量的应用

张量分析广泛地应用在力学、电学、电磁场、控制等许多领域。用张量分析为工具，可得到将力学、物理学规律用不变形式表示的数学表达式，当然它适合任何坐标系。

## 4.1　弹性力学中的应力张量及应变张量

### 1.应力张量

为了定义应力，需定义一面元$d\boldsymbol{A}$，这里用面元外法向的一个矢量表示该面元（见图 4－1）。

$$d\boldsymbol{A}=\frac{1}{2}d\boldsymbol{r}\times d\boldsymbol{S} \tag{4.1}$$

$$d\boldsymbol{r}=d\boldsymbol{b}-d\boldsymbol{a}$$

$$d\boldsymbol{S}=d\boldsymbol{c}-d\boldsymbol{a}$$

将(4.1)式改写为

$$d\boldsymbol{A}=\frac{1}{2}(d\boldsymbol{b}-d\boldsymbol{a})\times(d\boldsymbol{c}-d\boldsymbol{a})=\frac{1}{2}(d\boldsymbol{b}\times d\boldsymbol{c}+d\boldsymbol{c}\times d\boldsymbol{a}+d\boldsymbol{a}\times d\boldsymbol{b})$$

式中

$$\left.\begin{aligned}d\boldsymbol{a}&=da^1\boldsymbol{e}_1\\d\boldsymbol{b}&=db^2\boldsymbol{e}_2\\d\boldsymbol{c}&=dc^3\boldsymbol{e}_3\end{aligned}\right\} \tag{4.2}$$

$$\mathrm{d}\boldsymbol{A}=\frac{1}{2}(\mathrm{d}b^2\mathrm{d}c^3e_{231}\boldsymbol{e}^1+\mathrm{d}c^3\mathrm{d}a^1e_{321}\boldsymbol{e}^2+\mathrm{d}a^1\mathrm{d}b^2e_{123}\boldsymbol{e}^1)$$

$$=\mathrm{d}A_1\boldsymbol{e}^1+\mathrm{d}A_2\boldsymbol{e}^2+\mathrm{d}A_3\boldsymbol{e}^3$$

$$=\mathrm{d}A_i\boldsymbol{e}^i$$

上式中

$$\left.\begin{aligned}\mathrm{d}A_1&=\frac{1}{2}e_{123}\mathrm{d}b^2\mathrm{d}c^3\\ \mathrm{d}A_2&=\frac{1}{2}e_{123}\mathrm{d}c^3\mathrm{d}a^1\\ \mathrm{d}A_3&=\frac{1}{2}e_{123}\mathrm{d}a^1\mathrm{d}b^2\end{aligned}\right\}\qquad(4.3)$$

同理，$\triangle OAB$ 也可由其外法线表示为

$$\frac{1}{2}\mathrm{d}\boldsymbol{b}\times\mathrm{d}\boldsymbol{a}=\frac{1}{2}\mathrm{d}b^2\mathrm{d}a_1e_{213}\boldsymbol{e}^3=-\mathrm{d}A_3\boldsymbol{e}^3$$

$\triangle OBC$，$\triangle OCA$ 也可以同样表示。

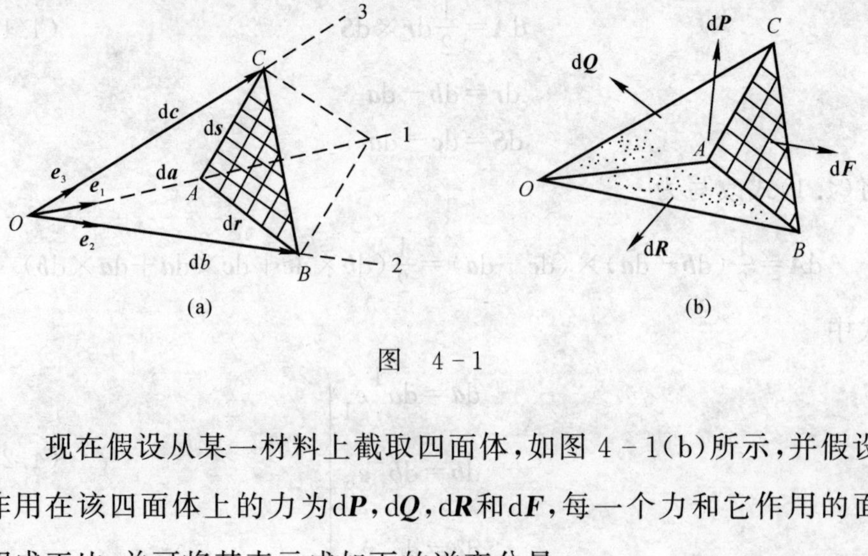


图 4-1

现在假设从某一材料上截取四面体，如图 4-1(b)所示，并假设作用在该四面体上的力为d$\boldsymbol{P}$，d$\boldsymbol{Q}$，d$\boldsymbol{R}$和d$\boldsymbol{F}$，每一个力和它作用的面积成正比，并可将其表示成如下的逆变分量：

$$\left.\begin{aligned}\mathrm{d}\boldsymbol{P}&=-\sigma^{1j}\,\mathrm{d}A_1\boldsymbol{e}_j\\\mathrm{d}\boldsymbol{Q}&=-\sigma^{2j}\,\mathrm{d}A_2\boldsymbol{e}_j\\\mathrm{d}\boldsymbol{R}&=-\sigma^{3j}\,\mathrm{d}A_3\boldsymbol{e}_j\end{aligned}\right\}\tag{4.4}$$

这三个矢量方程,确定了 9 个量 $\sigma^{ij}$,但须注意,$\sigma^{ij}$ 只是在张量力学概念中的物理量。

由四面体的平衡条件可知,作用在其上面的各力之和等于零,所以

$$\mathrm{d}\boldsymbol{F}=-\mathrm{d}\boldsymbol{P}-\mathrm{d}\boldsymbol{Q}-\mathrm{d}\boldsymbol{R}=\sigma^{ij}\,\mathrm{d}A_i\boldsymbol{e}_j=\mathrm{d}F^j\boldsymbol{e}_j\tag{4.5}$$

$$\mathrm{d}F^j=\sigma^{ij}\,\mathrm{d}A_i\tag{4.6}$$

由(4.6)式可知:$\mathrm{d}F^j$ 和 $\mathrm{d}A_i$ 都是矢量分量,所以 $\sigma^{ij}$ 为一个二阶张量,称为应力张量的分量。

当选择以 $\boldsymbol{i},\boldsymbol{j},\boldsymbol{k}$ 为单位矢量的 Descartes 坐标系时,有

$$\sigma^{11}=\sigma_{xx}=\sigma_x$$

$$\sigma^{12}=\sigma_{xy}=\tau_{xy}$$

$\sigma_{ij}=\sigma_{ji}$ 为二阶对称张量。

讨论如图 4-2 所示单元体——六面体的力矩平衡条件:

六面体的三条边由矢量d$\boldsymbol{a}$,d$\boldsymbol{b}$,d$\boldsymbol{c}$组成。

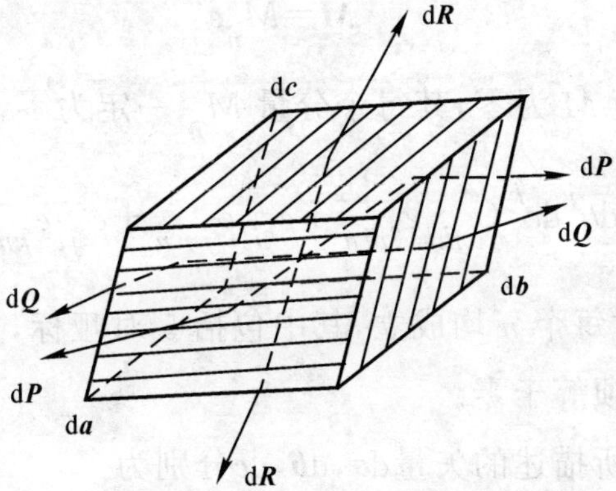


图　4-2

作用在六面体三个面上的力为

$$\left.\begin{aligned}
\mathrm{d}\boldsymbol{P}&=\mathrm{d}P^{m}\boldsymbol{e}_{m}=\sigma^{lm}\,\mathrm{d}b^{j}\,\mathrm{d}c^{k}e_{ljk}\boldsymbol{e}_{m}\\
\mathrm{d}\boldsymbol{Q}&=\mathrm{d}Q^{m}\boldsymbol{e}_{m}=\sigma^{lm}\,\mathrm{d}c^{k}\,\mathrm{d}a^{i}e_{lki}\boldsymbol{e}_{m}\\
\mathrm{d}\boldsymbol{R}&=\mathrm{d}R^{m}\boldsymbol{e}_{m}=\sigma^{lm}\,\mathrm{d}a^{i}\,\mathrm{d}b^{j}e_{lij}\boldsymbol{e}_{m}\\
&(l,j,k\text{ 按 }1,2,3\text{ 的偶排列})
\end{aligned}\right\}\tag{4.7}$$

在四面体的三对面上，作用着大小相等、方向相反的三个力，其力矩为

$$\begin{aligned}
\mathrm{d}\boldsymbol{a}\times\mathrm{d}\boldsymbol{P}&=\mathrm{d}a^{i}\,\mathrm{d}P^{m}e_{imn}\boldsymbol{e}^{n}\\
&=\sigma^{lm}\,\mathrm{d}a^{i}\,\mathrm{d}b^{j}\,\mathrm{d}c^{k}e_{jkl}e_{imn}\boldsymbol{e}^{n}
\end{aligned}\tag{4.8}$$

$$\begin{aligned}
\mathrm{d}\boldsymbol{b}\times\mathrm{d}\boldsymbol{Q}&=\mathrm{d}b^{j}\,\mathrm{d}Q^{m}e_{jmn}\boldsymbol{e}^{n}\\
&=\sigma^{lm}\,\mathrm{d}a^{i}\,\mathrm{d}b^{j}\,\mathrm{d}c^{k}e_{kil}e_{jmn}\boldsymbol{e}^{n}
\end{aligned}\tag{4.9}$$

$$\begin{aligned}
\mathrm{d}\boldsymbol{c}\times\mathrm{d}\boldsymbol{R}&=\mathrm{d}c^{k}\,\mathrm{d}R^{m}e_{kmn}\boldsymbol{e}^{n}\\
&=\sigma^{lm}\,\mathrm{d}a^{i}\,\mathrm{d}b^{j}\,\mathrm{d}c^{k}e_{ijl}e_{kmn}\boldsymbol{e}^{n}
\end{aligned}\tag{4.10}$$

平衡条件要求这三个力矩之和为零。此合力矩的协变分量为

$$\boldsymbol{M}=M_{n}\boldsymbol{e}^{n}\tag{4.11}$$

由于合力矩 $\boldsymbol{M}$ 为零，其每个分量 $M_{n}$ 一定为零，即

$$\sigma^{lm}\,\mathrm{d}a^{i}\,\mathrm{d}b^{j}\,\mathrm{d}c^{k}(e_{jkl}e_{lmn}+e_{kil}e_{jmn}+e_{ijl}e_{kmn})=0\tag{4.11$'$}$$

(4.11)式对每个 $n$ 均成立，其中包括 5 对哑标，共应有 $3^{5}=243$ 项，但其中多数项等于零。

由(4.2)式所描述的矢量 $\mathrm{d}\boldsymbol{a}$，$\mathrm{d}\boldsymbol{b}$，$\mathrm{d}\boldsymbol{c}$ 分别为

$$\left.\begin{aligned} d\boldsymbol{a} &= da^1 \boldsymbol{e}_1 \\ d\boldsymbol{b} &= db^2 \boldsymbol{e}_2 \\ d\boldsymbol{c} &= dc^3 \boldsymbol{e}_3 \end{aligned}\right\} \tag{4.12}$$

使上述问题变为特殊情况，即恒有 $i=1, j=2, k=3$，当 $n=1$ 时，(4.11)式简化为

$$\sigma^{lm}(e_{23l}e_{1m1} + e_{21l}e_{2m1} + e_{12l}e_{3m1}) = 0 \tag{4.13}$$

（$l, m, n$ 按 1,2,3 的偶数排列）

根据 Ricci 符号的定义，上式即为

$$\sigma^{23}e_{312}e_{231} + \sigma^{32}e_{123}e_{321} = 0$$

$$\sigma^{23} - \sigma^{32} = 0 \tag{4.14}$$

(4.14)式是取 $n=1$ 得到的结果。(4.11)式还可取 $n=2,3,\cdots$，同样可得和(4.14)式类同的结论，这就证明了应力张量为对称张量，因此有

$$\sigma^{ij} = \sigma^{ji} \tag{4.15}$$

**2. 应变张量(讨论小应变)**

考虑受力而变形的物体。用直角 Descartes 坐标系，在坐标为 $y_i$ 的点 $P$ 的质点移动到坐标为 $y_i + u_i$ 的 $\overline{P}$ 点。同样，原来在坐标为 $z_i$ 的点 $Q$ 的质点移动到坐标为 $z_i + v_i$ 的 $\overline{Q}$ 点。将连接未变形时的 $P$ 和 $Q$ 两点的直线的伸长 $e_{(PQ)}$ 定义为每单位长度上因变形而增加的长度，即

$$e_{(PQ)} = \frac{\overline{P}\,\overline{Q} - PQ}{PQ} = \frac{\overline{P}\,\overline{Q}}{PQ} - 1 \tag{4.16}$$

$$(PQ)^2=(y_i-z_i)(y_i-z_i)$$

$$\begin{aligned}(PQ)^2&=(y_i+u_i-z_i-v_i)(y_i+u_i-z_i-v_i)\\&=(y_i-z_i)(y_i-z_i)+2(y_i-z_i)(u_i-v_i)+\\&\quad(u_i-v_i)(u_i-v_i)\\&=(PQ)^2\left\{1-\frac{2L_i(u_i-v_i)}{PQ}+\frac{(u_i-v_i)(u_i-v_i)}{(PQ)^2}\right\}\end{aligned}\tag{4.17}$$

其中，$L_i=\dfrac{z_i-y_i}{PQ}$是未变形时的线段 $PQ$ 的方向余弦。

所以
$$e_{(PQ)}=\left\{1-\frac{2L_i(u_i-v_i)}{PQ}+\frac{(u_i-v_i)(u_i-v_i)}{(PQ)^2}\right\}^{\frac{1}{2}}-1\tag{4.18}$$

这里我们只讨论无穷小应变的情况。在这种情况下，假设位移量 $u_i$ 和 $v_i$ 同 $PQ$ 相比都是微小的，略去比一阶高的微量，可得

$$e_{(PQ)}=-\frac{L_i(u_i-v_i)}{PQ}\tag{4.19}$$

现在在 $P$ 点的领域取 $Q$，使 $y_i-z_i$ 为微量。由 Taylor 定理得

$$v_i=u_i+(z_i-y_i)u_{i,j}+(z_j-y_j\text{ 的高阶项})$$

略去 $z_j-y_j$ 的高于一阶的各项，可知点 $P$ 位于单位向量 $L_i$ 确定的方向上的伸长 $e$ 为

$$e=\frac{L_i(z_j-y_j)}{PQ}u_{i,j}=u_{i,j}L_iL_j\tag{4.20}$$

由下列方程引入对称 Descartes 应变张量 $e_{ij}$ 为

$$e_{ij}=\frac{1}{2}(u_{i,j}+u_{j,i})\tag{4.21}$$

最后即可得到以二次形式表示的伸长 $e$ 为

$$e=e_{ij}L_iL_j \tag{4.22}$$

应变张量的分量不是完全任意的。为了证明这一点，将(4.21)式微分两次，得

$$e_{ij,kl}=\frac{1}{2}(u_{i,jkl}+u_{j,ikl}) \tag{4.23}$$

这样可得

$$e_{ij,kl}+e_{kl,ij}-e_{ik,jl}-e_{jl,ik}=0 \tag{4.24}$$

这些相容方程有 81 个，由于应变张量的对称性，有些方程是重复的，还有一些方程是恒等地满足的。所以这组方程里只有 6 个是独立的。

### 3. 线弹性力学中的应力张量和应变张量间的关系

应力和变形，是在外力作用下物体内部发生的现象，通常用材料的力学性质的本构方程（物理方程）进行描述。

下面我们讨论线弹性各向异性体的 Hooke 定律。

$$\left.\begin{aligned}\sigma^{ij}&=E^{ijlm}\varepsilon_{lm}\\ \sigma_{ij}&=E_{ijlm}\varepsilon^{lm}\quad(i,j,l,m=1,2,3)\end{aligned}\right\} \tag{4.25}$$

系数 $E^{ijlm}$，$E_{ijlm}$ 称为弹性张量，为四阶逆变和四阶协变张量。它们之间可以通过指标上升或下降进行转换，即

$$\left.\begin{aligned}E^{ijlm}&=g^{ip}g^{jq}g^{lk}g^{mt}E_{pqkt}\\ E_{ijlm}&=g_{ip}g_{iq}g_{lk}g_{mt}E^{pqkt}\end{aligned}\right\} \tag{4.26}$$

当 $i,j,l,m=1,2,3$ 时，$E^{ijlm}$（$E_{ijlm}$）应有 81 个分量，但它们不是彼此独立的。

因为 $\sigma^{ij}=\sigma^{ji}$，所以

$$E^{ijlm}=E^{jilm}$$

而由于 $\varepsilon_{lm}=\varepsilon_{ml}$，因此

$$\begin{aligned}\sigma^{ij}&=E^{ijlm}\varepsilon_{lm}\\&=\frac{1}{2}(e^{ijlm}\varepsilon_{lm}+E^{ijml}\varepsilon_{ml})\\&=\frac{1}{2}(E^{ijlm}+E^{ijml})\varepsilon_{lm}\end{aligned}\tag{4.27}$$

即在 $i,j$ 和 $l,m$ 之间，可以交换次序，这样剩下不同的上标只有 6 组，所以最多有 $6^2=36$ 个不同的 $E^{ijlm}$ 值。

再考虑应变能密度 $a$，有

$$\mathrm{d}a=\sigma^{ij}\mathrm{d}\varepsilon_{ij}\tag{4.28}$$

当应力从 0 逐渐增加到 $\sigma^{ij}$ 时，在位移 $\varepsilon_{ij}$ 上所做的功为

$$a=\frac{1}{2}\sigma^{ij}\varepsilon_{ij}\tag{4.29}$$

$$\mathrm{d}a=\frac{\partial a}{\partial\sigma^{ij}}\mathrm{d}\sigma^{ij}+\frac{\partial a}{\partial\varepsilon_{ij}}\mathrm{d}\varepsilon_{ij}\tag{4.30}$$

通过(4.25)式，(4.30)式还可写为

$$\begin{aligned}\mathrm{d}a&=\frac{\partial a}{\partial\sigma^{ij}}\frac{\partial\sigma^{ij}}{\partial\varepsilon_{lm}}\mathrm{d}\varepsilon_{lm}+\frac{\partial a}{\partial\varepsilon_{ij}}\mathrm{d}\varepsilon_{ij}\\&=\frac{\partial a}{\partial\sigma^{lm}}\frac{\partial\sigma^{lm}}{\partial\varepsilon_{ij}}\mathrm{d}\varepsilon_{ij}+\frac{\partial a}{\partial\varepsilon_{ij}}\mathrm{d}\varepsilon_{ij}\\&=\frac{1}{2}(\varepsilon_{lm}E^{lmij}+\sigma^{ij})\mathrm{d}\varepsilon_{ij}\end{aligned}\tag{4.31}$$

所以，$\varepsilon_{ij}=\varepsilon_{ji}$，在 9 个 $\mathrm{d}\varepsilon_{ij}$ 中，总可以选择 $\mathrm{d}\varepsilon_{ij}=\mathrm{d}\varepsilon_{ji}\neq0$，因此，

$$\sigma^{ij}+\sigma^{ji}=\frac{1}{2}[\varepsilon_{lm}(E^{lmij}+E^{lmji})+\sigma^{ij}+\sigma^{ji}]$$

$$\sigma^{ij}=\varepsilon_{lm}E^{lmij}$$

与(4.25)式对比，可得

$$E^{ijlm}=E^{lmij} \tag{4.32}$$

所以，还允许一对上标 $ij$ 和 $lm$ 互换。这样 $E^{ijlm}$ 的数目从 36 变到 21。

对于各向同性的均质体，弹性张量可以通过 Lamme′系数 $\lambda,\mu$ 和度量张量表示，即

$$\left.\begin{aligned} E^{ijlm}&=\lambda y^{ij}g^{lm}+\mu(g^{il}g^{jm}+g^{jl}g^{im}) \\ E_{ijlm}&=\lambda g_{ij}g_{lm}+\mu(g_{il}g_{jm}+g_{jl}g_{im}) \end{aligned}\right\} \tag{4.33}$$

如将(4.33)式代入(4.25)式中，则

$$\sigma^{ij}=\lambda g^{ij}g^{lm}\varepsilon_{lm}+\mu(g^{il}g^{jm}\varepsilon_{lm}+g^{jl}g^{im}\varepsilon_{lm})$$

而

$$\begin{aligned} g^{lm}\varepsilon_{lm}&=\frac{1}{2}g^{lm}(\boldsymbol{\nabla}_l u_m+\boldsymbol{\nabla}_m u_k) \\ &=\frac{1}{2}[\boldsymbol{\nabla}_l(g^{lm}u_m)+\boldsymbol{\nabla}_m(g^{lm}u_l)] \\ &=\frac{1}{2}(\boldsymbol{\nabla}_l u^l+\boldsymbol{\nabla}_m u^m) \\ &=\boldsymbol{\nabla}_l u^l=\mathrm{div}\boldsymbol{u} \end{aligned}$$

即

$$g^{lm}\varepsilon_{lm}=\theta=\mathrm{div}\boldsymbol{u}\text{（不变量）} \tag{4.34}$$

表示位移的散度，又由于 $g^{ij}$，$\varepsilon_{lm}$ 的对称性，则

$$\sigma^{ij}=\lambda g^{ij}\,\mathrm{div}\boldsymbol{u}+2\mu g^{il}g^{jm}\varepsilon_{lm} \tag{4.35}$$

$$\begin{aligned} g^{il}g^{jm}\varepsilon_{lm}&=\frac{1}{2}g^{il}g^{jm}(\boldsymbol{\nabla}_k u_m+\boldsymbol{\nabla}_m u_l) \\ &=\frac{1}{2}g^{jl}(\boldsymbol{\nabla}_l u^j+g^{jm}\boldsymbol{\nabla}_m u^i) \\ &=\frac{1}{2}(\boldsymbol{\nabla}^i u^j+\boldsymbol{\nabla}^j u^i) \end{aligned} \tag{4.36}$$

$$\sigma^{ij}=\lambda g^{ij}\operatorname{div}\boldsymbol{u}+2\mu\varepsilon^{ij} \tag{4.37}$$

同理可得

$$\sigma_{ij}=\lambda g_{ij}\operatorname{div}\boldsymbol{u}+2\mu\varepsilon_{ij} \tag{4.38}$$

应变张量还可以通过下面一组公式表示：

$$\varepsilon_{ij}=\frac{1}{2}(g_{jm}\partial_i u^m+g_{im}\partial_j u^m-\partial_m g_{ij}u^m) \tag{4.39}$$

$$\varepsilon^{ij}=\frac{1}{2}(g^{im}\partial_m u^j+g^{jm}\partial_m u^i-\partial_m g^{ij}u^m) \tag{4.40}$$

$$\theta=\operatorname{div}\boldsymbol{u}=\partial_i u^i+\partial_i\ln\sqrt{g}u^i \tag{4.41}$$

## 4.2 连续介质力学中的平衡方程，弹性力学的Lamme′方程

讨论连续介质中任一体元 $\Omega$，在 $\Omega$ 上受到的外力为弹性力——$\rho\boldsymbol{a}$，体积力 $\rho\boldsymbol{f}$。而应力合力为 $\sigma^{ij}n_j$，这两组力在任一方向上都处于平衡。设$\{\lambda_i\}$为任一固定的单位平行向量场，则有

$$\iiint_\Omega(-\rho a^i\lambda_i+\rho f^i\lambda_i)\mathrm{d}\Omega+\iint\sigma^{ij}n_j\lambda_i\mathrm{d}S=0$$

利用 Gauss 公式，得

$$\iiint_\Omega\{-\rho a^i+\rho f^i+\nabla_j\sigma^{ij}\}\lambda_i\mathrm{d}\Omega=0$$

由于 $\Omega$ 和 $\lambda_i$ 的任意性，可得平衡方程为

$$-\rho a^i+\rho f^i+\nabla_j\sigma^{ij}=0 \tag{4.42}$$

利用弹性力学中应力张量和变形张量(应变张量)的关系(4.38)式和(4.42)式得

$$-\rho a^i+\rho f^i+\lambda g^{ij}\nabla_j(\operatorname{div}\boldsymbol{u})+\mu\nabla_j(\nabla^i u^j+\nabla^j u^i)=0$$

**注意**：在 Euclid 空间中，Riemann 张量等于零，协变导数的求导

顺序可以对调，所以

$$\begin{aligned}\nabla_j \nabla^i u^j &= \nabla^i \nabla_j u^j \\ &= \nabla^j (\mathrm{div}\boldsymbol{u}) \\ &= g^{ij} \nabla_j (\mathrm{div}\boldsymbol{u})\end{aligned} \tag{4.43}$$

另一方面，有

$$\nabla_j \nabla^j u^i = \nabla u^i$$

$$-\rho a^i + \rho f^i + (\lambda+\mu) g^{ij} \nabla_j (\mathrm{div}\boldsymbol{u}) + \mu \nabla u^i = 0 \tag{4.44}$$

将(4.44)式改写成向量形式为

$$-\rho \boldsymbol{a} + \rho \boldsymbol{f} + (\lambda+\mu)\,\mathbf{grad}\,\mathrm{div}\boldsymbol{u} + \mu \nabla \boldsymbol{u} = 0 \tag{4.45}$$

这就是弹性力学中的 Lamme′方程。

当用任一位移向量 $v_i$ 和(4.42)式进行缩并，并积分后得

$$-\iiint_\Omega \rho a^i v_i \,\mathrm{d}\Omega + \iiint_\Omega \rho f^i v_i \,\mathrm{d}\Omega + \iiint_\Omega \nabla_j \sigma^{ij} v_j \,\mathrm{d}\Omega = 0$$

由于 $\sigma^{ij}$ 的对称性，并利用

$$\nabla_j \sigma^{ij} \cdot v_i = \nabla_j (v_i \sigma^{ij}) - \sigma^{ij} \nabla_j v_i$$

所以

$$\sigma^{ij} \nabla_j v_i = \sigma^{ij} \varepsilon_{ij} \tag{4.46}$$

再用 Gauss 公式，有

$$-\iint \rho a^i v_i \,\mathrm{d}\Omega + \iiint_\Omega \rho f^i v_i \,\mathrm{d}\Omega + \iint \sigma^{ij} n_j v_i \,\mathrm{d}S = \iiint_\Omega \sigma^{ij} \varepsilon_{ij} \,\mathrm{d}\Omega \tag{4.47}$$

(4.47)式左端共三项：第一项为惯性力做功，第二项是外力做功，第三项是表面力做功，而这些外力做功，使得内部弹性势能发生变化，即有

$$v(\boldsymbol{u},\boldsymbol{v})=\iiint_{\Omega}\sigma^{ij}(\boldsymbol{u})\varepsilon_{ij}(\boldsymbol{v})\mathrm{d}\Omega \tag{4.48}$$

## 4.3 流体力学中的Navier -Stokes 方程

描述流体流动的物理量，有速度 $\boldsymbol{u}$，压力 $p$，密度 $\rho$，温度 $T$ 等量，必须建立相应的方程。

### 1. 流体力学中应力张量和变形速度张量之间的关系

当流体为理想的流体时，内部质点无摩擦，而 $\mathrm{d}\boldsymbol{S}$ 上的全应力只是作用在 $\mathrm{d}\boldsymbol{S}$ 上的全压力。它在每个方向上的数值都是一样的，因此

$$\sigma^{ij}=-pg^{ij} \tag{4.49}$$

$p$ 就是通常指的压力。

当流体有黏性时，$\sigma^{ij}$ 可以分解为两部分，即

$$\sigma^{ij}=-pg^{ij}+x^{ij} \tag{4.50}$$

(4.50)式中的第一部分表示不存在黏性时的应力张量，第二部分表示流体微团运动过程中由于形状改变而引起的阻力，称为黏性应力张量。

黏性应力张量是变形速度 $a_{ij}$ 的函数，即

$$t^{ij}=t^{ij}(a^{ij}) \tag{4.51}$$

近似计算，认为 $t^{ij}$ 是 $a^{ij}$ 的线性函数，满足这种关系的流体称为 Newton 流。于是有

$$t^{ij}=e^{ijlm}a_{lm} \tag{4.52}$$

系数 $e^{ijlm}$ 为四价张量。和弹性力学一样，$e^{ijlm}$ 取下列形式（各向同性、均匀流体）：

$$e^{ijlm}=\lambda g^{ij}g^{lm}+\mu(g^{il}g^{jm}+g^{im}g^{jl}) \tag{4.53}$$

而且有

$$\lambda=-\frac{2}{3}\mu \tag{4.54}$$

利用 $g^{lm}a_{lm}=\mathrm{div}\boldsymbol{u}=0$ 及 $g^{ij}$ 的对称性，若将(4.53)式代入 $t^{ij}$ 的表达式中，得

$$t^{ij}=\lambda g^{ij}\theta+2\mu g^{ij}g^{jm}a_{lm}=\lambda g^{ij}\theta+2\mu a^{ij} \tag{4.55}$$

$$t_{ij}=\lambda g_{ij}\theta+2\mu a_{ij} \tag{4.56}$$

黏性流具有两部分应力张量，即

$$\sigma^{ij}=-(p-\lambda\theta)g^{ij}+2\mu a^{ij} \tag{4.57}$$

$$\sigma_{ij}=-(p-\lambda\theta)g_{ij}+2\mu a_{ij} \tag{4.58}$$

**2. 动量方程**

将(4.57)式代入弹性力学的平衡方程(4.42)式中，得

$$-\rho a^{i}+\rho f^{i}-g^{ij}\nabla_{j}(p-\lambda\theta)+\partial\nabla_{j}(\mu a^{ij})=0$$

或者

$$-\rho a^{i}+\rho f^{i}-g^{ij}\nabla_{j}(p-\lambda\theta)+\nabla_{j}[\mu(\nabla^{i}u^{j}+\nabla^{j}u^{i})]=0 \tag{4.59}$$

假设 $\mu=\mathrm{const}$，并注意

$$a^{i}=\frac{\partial u^{i}}{\partial t}+u^{j}\nabla_{j}u^{i}$$

并利用(4.43)式，得

$$-\rho\frac{\partial u^{i}}{\partial t}-\rho u^{j}\nabla_{j}u^{i}-g^{ij}\nabla_{j}[p-(\lambda+\mu)\theta]+\mu\nabla u^{i}=0 \tag{4.60}$$

(4.59)式或(4.60)式就是 Navier-Stokes 方程。它代表三个分量方程，含有四个未知数 $\mu^{i}$ 和 $\rho$。

**3. 连续性方程**

通过任一体积的流量必须守恒，即有

$$\iiint\limits_{\Omega} \frac{\partial \rho \mathrm{d}v}{\partial t} = \iint \rho \boldsymbol{u} \cdot \boldsymbol{n} \mathrm{d}S$$

利用 Gauss 定理得

$$\iiint\limits_{\Omega} \left( \frac{\partial \rho}{\partial t} + \mathrm{div}(\rho \boldsymbol{u}) \right) \mathrm{d}\Omega = v$$

由于 $\Omega$ 的任意性,得连续性方程为

$$\frac{\partial \rho}{\partial t} + \mathrm{div}(\rho \boldsymbol{u}) = 0 \tag{4.61}$$

如果流体是不可压缩的,$\rho=\mathrm{const}$,则(4.61)式即为

$$\mathrm{div}\boldsymbol{u} = 0 \tag{4.62}$$

将(4.62)式代入 Navier-Stokes 方程,并改写成向量形式,得

$$\frac{\partial \boldsymbol{u}}{\partial t} + (\boldsymbol{\nabla} u)\boldsymbol{u} - \mathbf{grad} p/\rho + \frac{\mu}{\rho} \boldsymbol{\nabla} \boldsymbol{u} = 0 \tag{4.63}$$

(4.63)式即为不可压缩流动的 Navier-Stokes 方程。

**4. 能量方程**

能量方程在这里的表现形式是:任一体积内的动能和内能变化率等于应力做功功率、外力做功率及由外界传进的传热率。

动能变化率为

$$\dot{K} = \iiint\limits_{\Omega} \rho \frac{\mathrm{d}}{\mathrm{d}t} (g_{ij} u^i u^j) \mathrm{d}v \tag{4.64}$$

内能变化率为

$$\dot{E} = \iiint\limits_{\Omega} \rho \dot{\varepsilon} \mathrm{d}V \tag{4.65}$$

$\varepsilon$ 是单位质量的内能。

因此

$$\dot{K} + \dot{E} = W_1 + W_2 = Q \tag{4.66}$$

其中 $W_1$ 为应力功率,即

$$
\begin{aligned}
W_1 &= \iint F(\boldsymbol{n})\boldsymbol{u}\mathrm{d}S \\
&= \iint F(\boldsymbol{u})\boldsymbol{n}\mathrm{d}S \\
&= \iiint_{\Omega} \mathrm{div}(F(\boldsymbol{u}))\mathrm{d}v \\
&= \iiint_{\Omega} \boldsymbol{\nabla}_i(\sigma^{ij}u_j)\mathrm{d}v \\
&= \iiint_{\Omega} (\boldsymbol{\nabla}_i\sigma^{ij}u_j + \sigma^{ij}\boldsymbol{\nabla}_i u_j)\mathrm{d}v
\end{aligned}
$$

由于 $\sigma^{ij}$ 具有对称性，因此

$$\sigma_i^{ij}\boldsymbol{\nabla}_j u_j = \sigma^{ij}a_{ij}$$

并利用动量方程，得

$$W_1 = \iiint_{\Omega}(\rho a^j - \rho f^j)u_j\mathrm{d}\Omega + \iiint_{\Omega}\sigma^{ij}a_{ij}\mathrm{d}v$$

所以 $$W_1 + W_2 = \iiint_{\Omega}\sigma^{ij}a_{ij}\mathrm{d}v + \iiint_{\Omega}\rho a^j u_j \mathrm{d}v \tag{4.67}$$

而 $$\rho a^j u_j = \rho\frac{\mathrm{d}}{\mathrm{d}t}u^j \cdot u^i g_{ij} = \frac{\rho}{2}\frac{\mathrm{d}}{\mathrm{d}t}(g_{ij}u^i u^j)$$

所以 $$W_1 + W_2 = \iiint_{\Omega}\sigma^{ij}a_{ij}\mathrm{d}v + \dot{K} \tag{4.68}$$

注意 $$
\begin{aligned}
Q &= \iiint_{\Omega}\rho h\mathrm{d}v + \iint_{\partial\Omega}\boldsymbol{q}\cdot\boldsymbol{n}\mathrm{d}s \\
&= \iiint_{\Omega}(\rho h + \mathrm{div}\boldsymbol{q})\mathrm{d}v
\end{aligned} \tag{4.69}
$$

式中，$h$ 为单位质量上的热源；$\boldsymbol{q}$ 为通过 $\mathrm{d}\Omega$ 的热流。

将(4.69)式和(4.68)式代入(4.66)式中得

$$\rho\frac{\mathrm{d}\varepsilon}{\mathrm{d}t}-\sigma^{ij}a_{ij}-\rho h-\mathrm{div}\boldsymbol{q}=0 \tag{4.70}$$

设 $k$ 为热传导系统，有

$$\boldsymbol{q}=k\,\mathbf{grad}T$$

$$\sigma^{ij}a_{ij}=-\rho g^{ij}a_{ij}-\frac{2}{3}\mu\theta g^{ij}a_{ij}+2\mu a^{ij}a_{ij}$$

经过变换，(4.70)式还可表示为

$$\rho\frac{\partial\varepsilon}{\partial t}\rho u^{j}\ \boldsymbol{\nabla}_{j}\varepsilon-\mathrm{div}(k\,\mathbf{grad}\sigma)+p\theta-\rho h=0 \tag{4.71}$$

$$\phi=\lambda\theta^{2}+2\mu a^{ij}a_{ij}=\frac{2}{3}\theta^{2}+2\mu a^{ij}a_{ij}$$

其中，$\phi$ 为不变量。

## 4.4 Maxwell 方程组

### 1. Minkowski 空间

在经典力学中，用直角 Descartes 坐标时，一事件发生在空间一点的位置可用其三个空间坐标 $x^1,x^2,x^3$ 确定。观察者还可用计时装置测量该事件发生的时间 $t$。这样，一事件在时间和空间上可用四个数 $x^1,x^2,x^3$ 和 $t$ 组成的系统 $s$ 来确定。

Einstein 考察了“同时性”的概念并得出结论：没有进一步的条件“不同地点的同时事件”是没有意义的。他的狭义相对论建立在两个基本原理基础上：

①不可能觉察一系统在空间的无加速度的平移运动。

②光线的速度 $c=\mathrm{const}$，不依赖于光源和观测者的相对速度。

当考虑 $t=0$ 时重合的两个系统 $s$ 和 $\bar{s}$，$\bar{s}$ 以不变速度 $v$ 沿 $s$ 系统的 $x^i$ 轴运动。可推得 Lorentz 变换，该变换由下列方程组将这两个系统的空间坐标和时间相联系：

$$\left.\begin{aligned} \bar{x}^1 &= \beta(x - vt) \\ \bar{x}^2 &= x^2 \\ \bar{x}^3 &= x^3 \\ \bar{t} &= \beta(u - vx^1/c^2) \\ \beta &= (1 - v^2/c^2)^{-\frac{1}{2}} \end{aligned}\right\} \tag{4.72}$$

可证明：

$$\begin{aligned} &-(\mathrm{d}\bar{x}^1)^2 - (\mathrm{d}\bar{x}^2)^2 - (\mathrm{d}\bar{x}^3)^2 + c^2(\mathrm{d}\bar{t})^2 \\ &= -(\mathrm{d}x^1)^2 - (\mathrm{d}x^2)^2 - (\mathrm{d}x^3)^2 + c^2(\mathrm{d}t)^2 \end{aligned} \tag{4.73}$$

方程(4.73)式对于 Lorentz 变换的不变性，使人想到由以下度量定义的 Minkowski 空间：

$$\mathrm{d}\sigma^2 = -(\mathrm{d}x^1)^2 - (\mathrm{d}x^2)^2 - (\mathrm{d}x^3)^2 + c^2(\mathrm{d}x^4)^2 \tag{4.74}$$

取 $$x^4 = t$$

用 $\mathrm{d}\sigma$(而不是 $\mathrm{d}s$)表示这个四维空间的线元。

当讨论连续介质力学时，曾引入球坐标系$(r, \theta, \varphi)$，因此，Minkowski 空间的度量便成为

$$\mathrm{d}\sigma^2 = -\mathrm{d}r^2 - r^2\mathrm{d}\theta^2 - r^2\sin^2\theta\mathrm{d}\varphi^2 + c^2\mathrm{d}t^2 \tag{4.75}$$

这种空间在物理学中也称为“事象空间”，所谓事象，是指在如此小的区域和如此短的时间内所发生的现象，使得在想象该事物的状态时，将它们视作一个点在瞬间发生的。这样该空间中每个点对应于四维的 Euclid 空间中一个点，反之也成立。

设在四维伪 Euclid 空间中的一标准正交坐标系，这相当于物理上的惯性系统取标准正交标架。

令 $$x^1 = x,\ x^2 = y,\ x^3 = z,\ x^4 = ct \tag{4.76}$$

式中，$c$ 为光速。

质点在四维的 Minkowski 空间中运动时，其轨迹为

$$x^i = x^i(\sigma)$$

其速度为

$$\tau^i = \frac{\mathrm{d}x^i}{\mathrm{d}\sigma}$$

$$\mathrm{d}\sigma = \sqrt{-(\mathrm{d}x^1)^2 - (\mathrm{d}x^2)^2 - (\mathrm{d}x^3)^2 + c^2(\mathrm{d}x^4)^2}$$

在惯性系统的 Descartes 坐标系中，有

$$\begin{aligned}\mathrm{d}\sigma &= \sqrt{c^2\mathrm{d}t^2 - \mathrm{d}x^2 - \mathrm{d}y^2 - \mathrm{d}z^2} \\ &= c\mathrm{d}t\sqrt{1 - \frac{1}{c^2}(u_x^2 + u_y^2 + u_z^2)} \\ &= c\mathrm{d}t\sqrt{1 - \frac{u^2}{c^2}}\end{aligned} \tag{4.77}$$

式中，$\boldsymbol{u}$ 表示质点的速度。

所以有

$$\left.\begin{aligned}\tau^1 &= \frac{\mathrm{d}x^1}{\mathrm{d}\sigma} = \frac{u_x}{c\sqrt{1-u^2/c^2}} \\ \tau^2 &= \frac{\mathrm{d}x^2}{\mathrm{d}\sigma} = \frac{u_y}{c\sqrt{1-u^2/c^2}} \\ \tau^3 &= \frac{\mathrm{d}x^3}{\mathrm{d}\sigma} = \frac{u_z}{c\sqrt{1-u^2/c^2}} \\ \tau^4 &= \frac{\mathrm{d}x^4}{\mathrm{d}\sigma} = \frac{u_x}{\sqrt{1-u^2/c^2}}\end{aligned}\right\} \tag{4.78}$$

其中，$\boldsymbol{\tau}$ 为四维伪 Euclid 空间中质点轨迹的虚单位切矢量。

**2. Maxwell 方程组**

(1)电流密度

设 $u_0$ 为静止惯性系 $s_0$ 中的质量密度，$\mu$ 为与 $s_0$ 作相对运动(速度为 $\boldsymbol{u}$)的惯性系 $s$ 中的质量密度，根据相对论可知：

$$\mu=\mu_0\Big/\left(1-\frac{u^2}{c^2}\right) \tag{4.79}$$

同时，设 $\rho,\rho_0$ 为 $s,s_0$ 中的电荷密度，则

$$\rho=\rho_0\Big/\sqrt{1-\frac{u^2}{c^2}} \tag{4.80}$$

而
$$\boldsymbol{s}=\rho_0\boldsymbol{\tau} \tag{4.81}$$

$\boldsymbol{s}$ 为不变量，称为电流密度的四维向量。

可以验证，在四维标准正交坐标系中，有

$$\left.\begin{aligned} s^1&=\rho u_x/c\\ s^2&=\rho u_y/c\\ s^3&=\rho u_z/c\\ s^4&=\rho \end{aligned}\right\} \tag{4.82}$$

(2)能量冲量

将能量冲量的向量记为 $E^0\boldsymbol{\tau}$，在标准正交作标系中，其分量为

$$\left.\begin{aligned} E^0\tau^1&=mu_xc\\ E^0\tau^2&=mu_yc\\ E^0\tau^3&=mu_zc\\ E^0\tau^4&=mc^2 \end{aligned}\right\} \tag{4.83}$$

(3)电磁场

带电荷 $e$ 的质点以速度 $\boldsymbol{u}$ 在电磁场中运动，则它受到力 $\boldsymbol{F}$ 的作用，即

$$F = eE + \frac{e}{c}u \times H \tag{4.84}$$

式中，$\boldsymbol{E}$ 和 $\boldsymbol{H}$ 分别为电场强度和磁场速度。

运用 Newton 第二定律，(4.84)式可表示为

$$\frac{\mathrm{d}}{\mathrm{d}t}(m\boldsymbol{u}) = e\left\{\boldsymbol{E} + \frac{1}{c}\boldsymbol{u} \times \boldsymbol{H}\right\} \tag{4.85}$$

在四维伪 Euclid 空间的标准正交标架中，有

$$\left.\begin{aligned} \mathrm{d}(E_0\tau_1) &= e(E_x \mathrm{d}x^4 + H_z \mathrm{d}x^2 - H_y \mathrm{d}x^3) \\ \mathrm{d}(E_0\tau_2) &= e(E_y \mathrm{d}x^4 + H_z \mathrm{d}x^1 - H_x \mathrm{d}x^3) \\ \mathrm{d}(E_0\tau_3) &= e(E_z \mathrm{d}x^4 + H_y \mathrm{d}x^1 - H_x \mathrm{d}x^2) \end{aligned}\right\} \tag{4.86}$$

再加上能量微分，由于磁场不做功，所以能量微分为

$$\mathrm{d}(mc^2) = e(E_x \mathrm{d}x + E_y \mathrm{d}y + E_z \mathrm{d}z) \tag{4.87}$$

将(4.86)式和(4.87)式写成张量形式为

$$\mathrm{D}(E_0\ \tau_i) = eF_{ij}\,\mathrm{d}x^j$$

左端为绝对微分，而右端为二阶协变张量，即

$$[F_{ij}] = \begin{bmatrix} 0 & -E_x & -E_y & -E_z \\ E_x & 0 & H_z & -H_y \\ E_y & -H_z & 0 & H_x \\ E_z & H_y & -H_x & 0 \end{bmatrix} \tag{4.88}$$

它为反称的，因此有

$$F_{ij} = -F_{ji} \tag{4.89}$$

当坐标变换时，$F_{ij}$ 具有二阶协变张量的变换规律，$F_{ij}$ 称为电磁场张量。

(4)Maxwell 方程组(用静电系单位)

第一组方程：

$$\mathrm{div}\boldsymbol{H}=0,\quad \mathbf{rot}\boldsymbol{E}+\frac{1}{c}\frac{\partial \boldsymbol{H}}{\partial t}=0 \tag{4.90}$$

第二组方程组：

$$\mathrm{div}\boldsymbol{E}=4\pi\rho,\quad \mathbf{rot}\boldsymbol{H}-\frac{1}{c}\frac{\partial \boldsymbol{E}}{\partial t}-\frac{4\pi}{c}\rho\boldsymbol{u}=0 \tag{4.91}$$

式中，$\rho\boldsymbol{u}$ 为电流密度向量；$\rho$ 是电荷密度。

那么，第一 Maxwell 方程组可以表示为

$$\nabla_k F_{ij}+\nabla_j F_{ki}+\nabla_i F_{jk}=0 \tag{4.92}$$

这是一个不变形式。由 $F_{ij}$ 的反称性可知，若取相同的$(i,j,k)$值时，(4.92)式为恒等式。

对于第二组 Maxwell 方程组，写成张量形式为

$$\nabla_j F^{ij}=4\pi s^i$$

$F^{ij}$ 是相对于 $F_{ij}$ 的逆变坐标，即

$$F^{ij}=g^{ip}g^{jq}F_{pq} \tag{4.93}$$

而 $s^i$ 是由(4.81)式定义的。

由(4.92)式可知，存在一个四维的一阶协变张量 $f_i$，使得

$$F_{ij}=\nabla_i f_j-\nabla_j f_i \tag{4.94}$$

而对 $f_i$ 加上一个梯度张量$\nabla'_i\varphi$，(4.94)式仍然成立。所以为了消除不唯一性，可加限制如下：

$$\nabla_i f^i=0 \tag{4.95}$$

式中，$f_i$ 称为电磁场内的四维势。

令 $f_0=-\varphi$，$(f_1,f_2,f_3)=(A_1,A_2,A_3)$，则利用(4.76)式和(4.88)式，(4.94)式可表示为向量形式，即

$$\left.\begin{aligned}\boldsymbol{E}&=-\mathbf{grad}\varphi-\frac{1}{c}\frac{\partial \boldsymbol{A}}{\partial t}\\ \boldsymbol{H}&=\mathbf{rot}\boldsymbol{A}\end{aligned}\right\} \tag{4.96}$$

而(4.92)式成为

$$\mathrm{div}\boldsymbol{A} \neq \frac{1}{c}\frac{\partial \varphi}{\partial t} = 0 \tag{4.97}$$

由(4.96)式或(4.97)式知：**A** 即为电磁场中的磁场强度 $\varphi$ 为单位。

## 4.5 正交各向异性弹性体的基本方程

各向异性弹性力学和各向同性弹性力学的平衡方程、几何方程均全相同，所不同的是物理方程。

对于纤维增强复合材料，只是要注意各向异性的特点，其中大量为正交各向异性体。

**1. 平衡微分方程**

当不计体力时

$$\sigma_{ji,j} = 0 \tag{4.98}$$

**2. 几何方程**

$$e_{ij} = \frac{1}{2}(u_{i,j} + u_{j,i}) \tag{4.99}$$

**3. 物理方程**

对于小应变、略去初应力的正交各向异性材料的应力、应变关系为

$$\{e_{ij}\} = [S_{ij}]\{\sigma_{ij}\}$$

$$\begin{Bmatrix} \sigma_{11} \\ \sigma_{22} \\ \sigma_{33} \\ \tau_{23} \\ \tau_{31} \\ \tau_{12} \end{Bmatrix} = \begin{bmatrix} C_{11} & C_{12} & C_{13} & 0 & 0 & 0 \\ C_{21} & C_{22} & C_{23} & 0 & 0 & 0 \\ C_{31} & C_{32} & C_{33} & 0 & 0 & 0 \\ 0 & 0 & 0 & C_{44} & 0 & 0 \\ 0 & 0 & 0 & 0 & C_{55} & 0 \\ 0 & 0 & 0 & 0 & 0 & C_{66} \end{bmatrix} \begin{Bmatrix} \varepsilon_{11} \\ \varepsilon_{22} \\ \varepsilon_{33} \\ \gamma_{23} \\ \gamma_{31} \\ \gamma_{12} \end{Bmatrix} \tag{4.100}$$

上式也可用柔度矩阵$[S_{ij}]$来表示，$[S_{ij}]$是刚度矩阵$[C_{ij}]$的逆阵。

$$\begin{Bmatrix}\varepsilon_{11}\\ \varepsilon_{22}\\ \varepsilon_{33}\\ \gamma_{23}\\ \gamma_{31}\\ \gamma_{12}\end{Bmatrix}=\begin{bmatrix}S_{11} & S_{12} & S_{13} & 0 & 0 & 0\\ S_{21} & S_{22} & S_{23} & 0 & 0 & 0\\ S_{31} & S_{32} & S_{33} & 0 & 0 & 0\\ 0 & 0 & 0 & S_{44} & 0 & 0\\ 0 & 0 & 0 & 0 & S_{55} & 0\\ 0 & 0 & 0 & 0 & 0 & S_{66}\end{bmatrix}\begin{Bmatrix}\sigma_{11}\\ \sigma_{22}\\ \sigma_{33}\\ \tau_{23}\\ \tau_{31}\\ \tau_{12}\end{Bmatrix} \tag{4.101}$$

$[S_{ij}]$具有 9 个独立的弹性常数，1，2，3 方向分别为正交各向异性材料的三个弹性主轴，当三个材料主轴为坐标轴 $x,y,z$ 时，$\{\sigma\}$—$\{\varepsilon\}$之间的关系式为

$$\left.\begin{aligned}e_{xx}&=S_{11}\sigma_{xx}+S_{12}\sigma_{yy}+S_{13}\sigma_{zz}\\ e_{yy}&=S_{21}\sigma_{xx}+S_{22}\sigma_{yy}+S_{23}\sigma_{zz}\\ e_{zz}&=S_{31}\sigma_{xx}+S_{32}\sigma_{yy}+S_{33}\sigma_{zz}\\ e_{yx}&=\frac{1}{2}S_{44}\sigma_{yx}\\ e_{xz}&=\frac{1}{2}S_{55}\sigma_{xz}\\ e_{xy}&=\frac{1}{2}S_{66}\sigma_{xy}\end{aligned}\right\} \tag{4.102}$$

当用 $E,G,v$ 等工程常数表示柔度矩阵$[S_{ij}]$中的这些弹性常数时，$\{e_{ij}\}$和$\{\sigma_{ij}\}$之间的关系也可表示为

$$
\left.\begin{aligned}
e_{xx} &= \frac{1}{E_x}\sigma_{xx} - \frac{v_{yx}}{E_y}\sigma_{yy} - \frac{v_{zx}}{E_z}\sigma_{zz} \\
e_{yy} &= -\frac{v_{xy}}{E_x}\sigma_{xx} + \frac{1}{E_y}\sigma_{yy} - \frac{v_{zy}}{E_z}\sigma_{zz} \\
e_{zz} &= -\frac{v_{xz}}{E_x}\sigma_{xx} - \frac{v_{yz}}{E_y}\sigma_{yy} + \frac{1}{E_z}\sigma_{zz} \\
e_{yz} &= \frac{1}{2G_{yz}}\sigma_{yz} \\
e_{xz} &= \frac{1}{2G_{xz}}\sigma_{xz} \\
e_{xy} &= \frac{1}{2G_{xy}}\sigma_{xy}
\end{aligned}\right\} \tag{4.103}
$$

用工程常数表示$[S_{ij}]$为

$$
[S_{ij}] = \begin{Bmatrix}
\frac{1}{E_1} & -\frac{v_{12}}{E_2} & -\frac{v_{13}}{E_3} & 0 & 0 & 0 \\
-\frac{v_{21}}{E_1} & \frac{1}{E_2} & -\frac{v_{32}}{E_3} & 0 & 0 & 0 \\
-\frac{v_{31}}{E_1} & -\frac{v_{32}}{E_2} & \frac{1}{E_3} & 0 & 0 & 0 \\
0 & 0 & 0 & \frac{1}{G_{23}} & 0 & 0 \\
0 & 0 & 0 & 0 & \frac{1}{G_{31}} & 0 \\
0 & 0 & 0 & 0 & 0 & \frac{1}{G_{12}}
\end{Bmatrix} \tag{4.104}
$$

其中 $E_i$($i=1,2,3$ 或 $i=x,y,z$)表示沿第 $i$ 个材料主轴方向的 $E$ 值,即

$$E_i=\frac{\sigma_i}{\varepsilon_i} \quad (\text{当 } \sigma_i\neq 0 \text{ 时其它应力分量均等于 } 0)$$

$v_{ij}$ 为应力在 $i$ 方向作用时,$j$ 方向的横向应变的泊松比,即

$$v_{ij}=-\frac{\varepsilon_j}{\varepsilon_i} \quad (\text{当 } \sigma_i\neq 0 \text{ 时,其它应力分量}=0)$$

$G_{ij}$ 表示在 $i-j$ 平面的剪切模量($i,j=1,2,3;i\neq j$)

因为 $$[S_{ij}]=[C_{ij}]^{-1} \quad (\text{逆阵})$$

而 $C_{ij}$ 为对称阵,所以$[S_{ij}]$也为对称阵,即

$$[S_{ij}]=[S_{ji}]$$

因此,可得

$$\frac{v_{ij}}{E_i}=\frac{v_{ji}}{E_j} \quad (i,j=1,2,3) \tag{4.105}$$

这样,正交各向异性板有 9 个独立的工程常数:

$$E_1,E_2,E_3;v_{12},v_{13},v_{23};G_{12},G_{23},G_{13}$$

后面将结合德国国家工业标准 DIN,研究这些常数的测定方法。

## 4.6 正交各向异性板的平面应力问题及平面应变问题

### 1. 平面应力问题

平面应务状态下的正交各向异性的应力-应变关系如下:

这时 $$\sigma_{zz}=\sigma_{xz}=\sigma_{yz}=0$$

$$\left.\begin{aligned} e_{xx} &= S_{12}\sigma_{xx} + S_{12}\sigma_{yy} \\ e_{yy} &= S_{11}\sigma_{xx} + S_{22}\sigma_{yy} \\ e_{xy} &= \frac{1}{2}S_{66}\sigma_{xy} \\ e_{yz} &= e_{xz} = 0 \\ e_{zz} &= S_{13}\sigma_{xx} + S_{23}\sigma_{yy} \end{aligned}\right\} \tag{4.106}$$

方程(4.106)式也可表示为

$$\left.\begin{aligned} \sigma_{xx} &= (S_{22}e_{xx} - S_{12}e_{yy})/(S_{11}S_{22} - S_{12}^2) \\ \sigma_{yy} &= (-S_{12}e_{xx} + S_{11}e_{yy})/(S_{11}S_{22} - S_{12}^2) \\ \sigma_{xy} &= (2e_{xy})/S_{66} \end{aligned}\right\} \tag{4.107}$$

由以上条件可知 $\sigma_{33} = \tau_{23} = \tau_{31} = 0$

并且注意到

$$\frac{v_{12}}{E_1} = \frac{v_{21}}{E_2}$$

平面应力状态下的应力-应变关系也可表示为

$$\begin{Bmatrix} \varepsilon_1 \\ \varepsilon_2 \\ \gamma_{12} \end{Bmatrix} = \begin{bmatrix} \frac{1}{E_1} & -\frac{v_{12}}{E_1} & 0 \\ -\frac{v_{21}}{E_2} & \frac{1}{E_2} & 0 \\ 0 & 0 & G_{12} \end{bmatrix} \begin{Bmatrix} \sigma_1 \\ \sigma_2 \\ \tau_{12} \end{Bmatrix}$$

$$= \begin{bmatrix} S_{11} & S_{12} & 0 \\ S_{21} & S_{22} & 0 \\ 0 & 0 & S_{66} \end{bmatrix} \begin{Bmatrix} \sigma_1 \\ \sigma_2 \\ \tau_{12} \end{Bmatrix} \tag{4.108}$$

而 $v_{23} = v_{31} = 0$

因为 $\varepsilon_3 = S_{11}\sigma_{11} + S_{23}\sigma_{22}$

其中
$$S_{13}=-\frac{v_{31}}{E_3},\quad S_{23}=-\frac{v_{23}}{E_2}$$

因此，为了求得 $S_{13}$，$S_{23}$，必须要知道 $v_{31}$ 和 $v_{23}$。

结论：正交各向异性材料的平面应力问题有四个独立的弹性常数：$E_1$，$E_2$，$v_{12}$，$G_{12}$。

**2. 平面应变问题**

当为平面应变的情况，这时具有 $e_{zz}=e_{xx}=e_{yz}=0$ 的条件。

从(4.102)中可得
$$\left.\begin{aligned}&\sigma_{xz}=\sigma_{yz}=0\\&\sigma_{zz}=-(S_{31}\sigma_{xx}+S_{23}\sigma_{yy})/S_{33}\end{aligned}\right\}\tag{4.109}$$

并有以下应力-应变关系：
$$\left.\begin{aligned}&e_{xx}=(S_{11}-S_{13}^2/S_{33})\sigma_{xx}+(S_{12}-S_{13}S_{23}/S_{33})\sigma_{yy}\\&e_{yy}=(S_{12}-S_{13}S_{23}/S_{33})\sigma_{xx}+(S_{22}-S_{23}^2/S_{33})\sigma_{yy}\\&e_{xy}=\frac{1}{2}S_{66}\sigma_{xy}\end{aligned}\right\}\tag{4.110}$$

由以上可知，在平面应力情况下的应力-应变关系式(4.106)中，当用以下的一组关系式——(4.111)式代入时，即可得到平面应变情况下相应的应用-应变关系式(4.110)。

(4.104)式　　　　(4.111)式
$$\left.\begin{aligned}&S_{11}\longrightarrow S_{11}-S_{13}^2/S_{33}\\&S_{22}\longrightarrow S_{22}-S_{23}^2/S_{33}\\&S_{12}\longrightarrow S_{12}-S_{13}S_{23}/S_{33}\\&S_{66}\longrightarrow S_{66}\end{aligned}\right\}\tag{4.111}$$

上述关系类同于各向同性弹性体中的平面应力问题和平面应变问题之间存在的以下的置换关系：

$$\nu \longrightarrow \frac{\nu}{1-\nu}$$

$$E \longrightarrow \frac{E}{1-\nu^2}$$

我们也可以将(4.110)式以逆阵形式表示为

$$\left.\begin{aligned}\sigma_{xx}&=C_{11}e_{xx}+C_{12}e_{yy}\\ \sigma_{yy}&=C_{12}e_{xx}+C_{22}e_{yy}\\ \sigma_{xy}&=2C_{66}e_{xy}\end{aligned}\right\}\tag{4.112}$$

上式中

$$\left.\begin{aligned}&C_{11}=(S_{22}-S_{23}^2/S_{33})/S_0^2\\ &C_{12}=-(S_{12}-S_{13}S_{23}/S_{33})/S_0^2\\ &C_{22}=(S_{11}-S_{13}^2)/S_{33})/S_0^2\\ &C_{66}-1/S_{66}\end{aligned}\right\}\tag{4.113}$$

其中

$$S_0^2=S_{11}S_{22}-S_{12}^2+(2S_{12}S_{13}S_{23}-S_{11}S_{23}^2-S_{22}S_{13}^2)/S_{33}\tag{4.114}$$

## 习　题

1. 从四维 Euclid 空间的标准正交坐标系中，讨论 Maxwell 方程组的第一组方程组及第二组方程组的表达式。

2. 验证在四维标准正交坐标系中，推导电磁场内的四维势 $f_i$。

3. 何谓电流密度的四维向量？

# 参考文献


[1] 田宗若.复合材料中的数学力学方法.北京:国防工业出版社,2004

[2] Zongrou Tian. The Analytical Solution of Dynamic Stress-Intensity Factor $K_{II}$(t) in Laplace Space of Crthogonal Anisotropic Plate with Crach(ID 1577). Proc 13th Int. Conf. on Composite Materiels ICCM-13,2001

[3] Zongrou Tian, Zongshu Tian. Analysis of Strength of Orthogonal Anisotropic Plate with Edge Crack. CD-Rom, ICCM-13,2001

[4] Zongrou Tian. Mathematische Methoden Zur Bruchmechanik von Verbunderswerkstoffen. Deufschland Berlin, Verlag Dr. Koster, 1995

[5] Zongrou Tian. Zur Berechnung der orthotropen Scheibe mit Riβ mit Hilfe der Randelement-Methode. Deutschland Aachen, Aachen uni,1991

[6] Zongrou Tian. Using the Bessel Integration Equation to Solve the Orthotropic Plate with Crack Problem in Equivalent Space. Proc. Asian Pacific Conf. Comput. Mech Hong Kong, 1992

[7] Zongrou Tian, Jiong Tian. A study of oblique Crack of Orthogonal Anisotropic Plate under Mixed Loading by BEM. EPMESCV, Macau, 1995.2

[8] Zongshu Tian, Zongrou Tian. Further Study of Coustruction of Axisymmetric Finite Element by Hybrid Stress Method. Proc. 3th Conf. Enhancement and Promotion of computational Methods in Engineering and Since(EPMESC) Ⅲ,1990

[9] Zongrou Tian, Zongshu Tian, Sun Zhen. Research of Composite Materials for the Dynamical Facture with Crack. Proc. 3nd Pacific

Int. Conf. on Aerospace Science and Technology(PICAST'3),1997

[10] Zongrou Tian. A Solution for Stress and Displacement Fields of Orthotropic Plates with Cracks by Boundary Element Methods. Proc. of the 4th China-Japan Symposium on Boundary Element Methods,1991

[11] 田宗若,田宗漱. 复合材料薄壳最佳缠绕状态的研究. 机械科学与技术,2001,20(3)

[12] 田宗若. 复合材料中的边界元法. 西安:西北工业大学出版社,1992

[13] 田宗若. 张量分析(上、下册). 西安:西北工业大学,1982

[14] Flügge W. 张量分析与连续介质力学. 白铮,译. 北京:建筑工业出版社,1980

[15] Eringen A. C. 张量分析. 钱伟长,译. 南京:江苏科技出版社,1981

[16] Sokolnikoff I S. Tensor Analysis(2nd. ed). New York:Wiley,1964

[17] Schied A. Tensor Analysis. in W. Flügge(ed.) Handbook, New York:McGraw-Hill, 1962

[18] Н. А. Килвцевский. 张量计算初步及其在力学上的应用. 郭乾荣,译. 北京:高等教育出版社,1959

[19] П. К. Рашевский. 黎曼几何与张量分析. 陈铁云,等,译. 北京:高等教育出版社,1958

[20] Н. Е. Коцин. 向量计算及张量计算初步. 史福培,等,译. 北京:商务印书馆,1954

[21] 田宗若. 张量分析. 西安:西北工业大学出版社,2005